NATIONAL GEOGRAPHIC

美国国家地理

意识大百科

NATIONAL GEOGRAPHIC
美国国家地理

Boulder Publishing
大石精品图书

意识大百科

[美] 帕特里夏 · 丹尼尔斯（Patricia Daniels） 著
阳曦 译

電子工業出版社
Publishing House of Electronics Industry
北京 • BEIJING

推荐序

探索意识

托德·B.卡什丹博士
美国乔治梅森大学幸福促进中心心理学教授、高级科学家

我们每个人天生就对人类意识的机制充满好奇。我们希望理解意识的本质和运作原理，搞清它如何塑造我们的性格，如何与外部世界互动。

的确，要想提高生活质量和对生活的满意度，弄清这些问题至关重要。现在，你手中的这本书收录了意识研究领域的最新信息，凝聚着心理学家和其他科学家的心血。我们希望，本书能掀开意识那神秘面纱的一角，让我们一窥它的真面目；也希望它能教给你了解自己的方法，让你明白，为什么你在某些方面与所有人一样，某些方面与部分人一样，以及最重要的——为什么你在某些方面与别人都不一样。

要理解人类意识如何塑造性格、影响日常决策，单靠一种方法是行不通的。我们必须探索这个领域内的不同路径，才能一览全局，这也是本书力图达到的目的。在书中，我们探索感觉、想法和行为底层的生理基石，包括演化角度的观点和启示。你会发现，富有创意的人如何得到更多异性的青睐，面部表情又是如何影响种族偏见的——这些证据有力地证明了，时至今日，根深蒂固的动物本能仍在影响着我们。一些最复杂的心理现象（无论是好是坏）都能从生理学和演化的角度找到根源，这一认知目前已得到了广泛认可。

但是，故事的全貌不止于此。塑造性格的到底是基因还是环境？长期以来人们对此没有定论。目前有充分的科学证据表明，二者各有效果。我们固然继承了远古祖先的生理冲动，但与此同时，意识与文化及社会背景也会相互影响。在美国，如果请人做一道填空题，“我是_____”，回答者通常会填上一些描述个人特质的形容词，例如，“活泼的”或者“好奇的”；但在群体意识较强的东亚文化圈，比如中国、日本和韩国，人们的答案更可能是某种社会角色，比如“一个儿子”或者“一名学生”。与他人建立持续的、有意义的关系，这是我们每个人内心深处的基本心理需求。以此为根基，铸就了你面对痛苦时的反应、对特定情感的赞赏与厌恶，以及最基本的道德准则。

要真正理解意识，我们必须时时挑战某些传统观念。传

统的智力度量标准几乎无法解释什么会带来儿童期或成年期的成功。而整个心理学领域都醉心于研究如何获得幸福、培养爱与被爱的能力、找到生命的意义与目标感、建设健康的社群与社会。单纯的奖惩不足以说服或影响他人，不过谢天谢地，新一代的研究者带来了新的视角，让我们找到能够真正促成最佳表现、有利于社会发展、提高人类整体福祉的途径。

这些目标正是本书部分内容的基础。你将看到多个领域的最新科学知识，包括性、谋杀、睡眠、力量、精神病理学、社会关系和生命的意义。考虑到人类意识的广度和复杂程度，大概只有通过这样广泛的了解，我们才有机会窥得全貌。希望本书为你提供一个良好的起点，让你轻松、愉悦地走进这些最重要的科研领域。

你的自我身份认知受到生理和环境双方面的影响。

“自我”是特征、本能和动机的混合体。

自序

塑造自我

1954年，曼福德·库恩和托马斯·迈克帕特兰德推出了一套著名的心理学问卷——“我是谁20题”。这是在一张纸上列出的20个句子，“我是______”，并要求受试者填空。

研究者发现，人们对自己的描述通常可归纳为4种：身体特征（如“身高175CM”）、社会身份（如“职员”）、自我特质（如“害羞的”）或者某个更宏大的存在（如“大自然的一分子”）。换句话说，对于“我是谁”这个问题，每个人——每个意识——都会给出独一无二的答案。

在研究“自我”的领域，心理学家们常常被分属不同的阵营：意识派对身体派，先天派对后天派。近年来学术界开始意识到，“自我”实际上是特征、本能、驱动和隐藏动机的复杂组合。新技术弥合了生理与心理的分野：自我由内部力量和外部力量共同铸就，有的影响因素深藏在我们的基因之中，有的则是后天习得。

从某个角度来说，意识有其独特的结构，其最底层是生物性的组成。为了生存、繁衍，我们在漫长的演化过程中形成了各种驱动力和行为，恐惧、爱和社交渴望烙在我们的基因之中。更让人惊讶的是，这些直觉已经刻入了我们的神经元回路。我们的各种反应与情感，厌恶与倾慕，都能回溯到脑部的特定区域。每个人都会从婴儿长大、成人，然后变老，在这个过程中，我们的智力、语言和情感发育都会经历相似的旅程。

生理基础之上是意识大厦的底层，即我们与外部世界的互动。从本质上说，人是社会性动物，对归属的需求驱使我们与他人建立关系、融入社会组织。在意识的表层之下，潜藏的驱动和动机引领我们做出决策，前往某个目标或远离某条路径。自控力与决心决定了我们的生活是一往无前还是一蹶不振。而个人的性格，无论是先天的还是后天的，同样会影响我们的反应。

意识大厦的顶层控制着其他的精神活动，这些“高级意识”包括焦虑、带来麻烦的扭曲想法、价值感和力量感。通过治疗和干预，我们得以铸造更强大的自己。无论某些问题有多么根深蒂固，不屈的意识总能找到办法去克服。

目 录

>> 第一部分

意识与身体

要了解我们的意识，首先得了解我们的身体，确切地说，首先要了解我们的脑，因为狭义上的意识就是人脑活动的产物，也就是人们对外界和自身的觉察和关注。人脑是人体最复杂的器官，我们的需求、动力、恐惧与渴望都来自它错综复杂的沟回深处。亿万年的演化造就出了这些情绪和功能，而其中一部分已经不适合现代世界。在第一部分的三个章节里，我们将学习意识的生物学基础，理解每一个人在精神与情绪发育中的相同与不同。

»第一章«
关于意识的科学

2005年，一名23岁的女子在车祸中幸存下来，但她的脑部严重受损。几个月后，她依然对外界毫无反应。她能够正常呼吸，也能正常地入睡、苏醒，但哪怕在清醒状态下，她对自身和周围的一切事物依然毫无反应。

医生为她做出了医学词典中最悲伤的诊断：永久性植物人。

这样的诊断意味着患者失去了我们大多数人拥有的头脑和理智，包括认知能力、思考能力、反应能力、记忆力和意识。为了测试这名女子是否确实处于植物人状态，英国神经科学家阿德里安·欧文及其同事给患者进行fMRI（功能性磁共振成像）扫描。在扫描中，仪器能够追踪记录被扫描者的脑部血流，如果脑部某处血流量较大，就说明该区域的脑活动较为活跃。研究者对毫无反应的患者说话，请她想象两幅画面：第一幅是她正在打网球，第二幅则是她从前门开始，在自己家的每一个房间里走过。与此同时，科学家让12名健康的志愿者想象上述两幅画面，并对他们进行fMRI扫描，再将患者的扫描结果与志愿者的进行比对。

结果表明：患者和志愿者被激活的脑区域相同。被要求想象打网球的画面时，患者脑部掌管活动的辅助运动区被激活了；而被要求想象在屋子里行走的时候，患者脑部负责空间记忆的海马旁回变得活跃起来。显然，她有意识，能够感知周围的情况，还能做出思考和响应。虽然她的身体毫无反应，但她的头脑仍在正常运作。

之后，欧文又用相似的方法研究了54名处于植物人状态或最小意识状态的患者。在研究中，他将打网球的想象定义为“阳性”响应，而在屋里行走则是“阴性”响应。结果，有5位患者对他的问题表现出了有智慧含量的响应。欧文和其他人的研究表明，近20%的植物人患者至少有部分时间是有意识的。

意识、脑部、身体：它们的区别在哪里？又在哪里交汇？

欧文的这项研究唤醒了一个古老的问题：意识到底是什么？它存在于什么地方？意识如何与身体发生联系，它能否脱离物理形式而独立存在？意识就是自我吗？意识与身体的二元性问题最早可追溯到古希腊。比如，古希腊哲学家柏拉图相信，灵魂利用身体进行感知，再“返回自身进行思考，最后它将进入纯粹、永恒、不朽、不变的王国”。无论你自己是否有所察觉，每次当你说出“我的身体”或者“我的大脑”时，你就已经参与了这场意识与身体的二元性之争。按照二元性理论，“你”是一个独立的实体，而身体不过是你的容器。

意识实际上是脑部活动的产物。

今天，依然抱有这种看法的心理学家已经寥寥无几。欧文的研究和其他许多研究表明，意识实际上是脑部活动的产物。没有了脑，自我也就无从谈起。无论是一闪而过的渴望，还是灵感爆发的瞬间，都会在我们的神经元回路中留下痕迹。而这套复杂得不可思议的神经元回路经过了亿万年的漫长演化。

“我们看到的事物不光是事物本身，还有我们自己的投影。”

——作家 阿娜伊斯·宁

我们的行为受到诸多外部因素的影响，当然，我们自己也可以有意识地对行为进行修正，但是首先也是最重要的一点是：控制行为的是我们古老的脑部。要想了解自己，必须先了解人类的生物学历史。

最早的心理学家

对意识的科学研究扎根于生物学——确切地说，扎根于19世纪开天辟地的大发现。查尔斯·达尔文站在那个时代的群峰之巅。通过《物种起源》（1859年）和《人类的由来及性选择》（1871年）两本著作，达尔文不光提出了进化论与自然选择，还为科学家提供了新的视角，让他们开始把人类视作动物王国的一分子，从纯粹生理学的角度来解释人类的身体与脑。与此同时，医生已经开始研究冲动在神经中的传递并绘制脑功能地图。比如，1861年，法国外科医生保罗·布罗卡遇到了一位丧失语言能力的病人，除了“tan”这个音之外，他什么都说不出来——医院里的人给这个不幸的人起了个外号，就叫作“坦”。坦死后，布罗卡解剖了他的尸体，发现他的大脑左半球有一处损伤。于是布罗卡由此推论，这个区域掌管着我们的语言——这个推断是正确的，该区域也因此被命名为“布罗卡区”。

当时的很多生理学家认为，脑通过感觉来学习，基于感觉做出反应，从这个角度去看，许多心理过程都能得到完美的解释。德国科学家威廉·冯特常被视作“现代心理学之父”，19世纪80年代，他在德国莱比锡大学建立了实验室，带领来自全世界的学生通过实验研究感官知觉与学习。冯特不屑于通过内省来研究心理过程，他觉得在实验中直接询问受试者的想法和感受毫

无用处，一点也不科学。

很多科学家拜访过冯特的实验室，美国哲学家兼心理学家威廉·詹姆斯就是其中之一。虽然詹姆斯欣赏严谨的研究方法，但他并不相信心理学也能被称为科学。詹姆斯在美国哈佛大学开设了心理学课程，这在美国尚属首创。1890年，他出版了该领域的重量级著作《心理学原理》。尽管如此，他仍然认为心理学不过是“未经加工的事实，一点八卦，再加一点观念冲突与争执……但却没有物理定律那样坚实的理论，也没有可以轻易推出结论的命题。这不是科学，只是抱有科学的希望”。詹姆斯是最早提出用进化论来研究日常行为的心理学家之一。“为什么我们高兴的时候会笑，而不是咆哮？”他写道，“为什么我们在大庭广众之下会张口结舌，不能像面对朋友那样轻松自如？为什么某个异性会如此触动你的心弦？普通人只能回答说，高兴时我们当然会笑，面对人群我们当然会紧张，那位女士身心都太美，我们当然会陷入爱河。因此，也许，每个动物在某个特定事物出现时总会去做特定的某件事。”从另一方面来说，他还相信内省的价值，相信“审视自己的内心，告诉我们你发现了什么”这个观点。除此以外，他还创造了“意识流”这个词语。

早期美国心理学家威廉·詹姆斯建议科学家采用演化论的新成果来研究微笑之类的行为。

1909年，奥地利心理学家西格蒙德·弗洛伊德在访问美国克拉克大学时认识了詹姆斯，思想开明的詹姆斯是最早认可弗洛伊德研究成果的美国人之一。弗洛伊德开辟了意识研究领域的全新视角，他带来的争议和影响力是一样大的。

经典四分法的维度分析

冯特(1903)

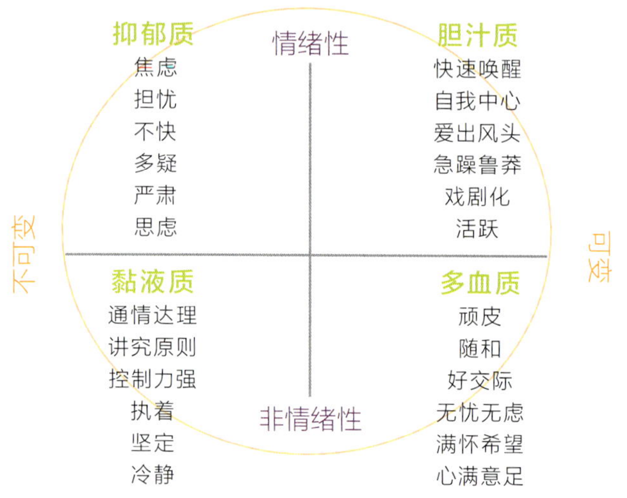

» 弗洛伊德派革命

1939年，西格蒙德·弗洛伊德逝世。在他死后的数十年里，他的诸多理论和治疗方

弗洛伊德
真正用过
的沙发

包括幻觉、身体局部瘫痪、无法喝水等。布洛伊尔采取的疗法是带领安娜回溯自己的记忆。比如，在治疗过程中安娜想起自己见到过一只狗从杯子里喝水，当时她觉得很恶心，但后来却忘掉了。倾诉了这段记忆以后，安娜·欧就能够正常喝水了。她还向医生描述了一段噩梦，梦里一条蛇爬上了她突然麻痹的胳膊，她却无法赶走那条蛇。讲完这段以后，她瘫痪的胳膊也能动了。

法在心理学界引起了巨大的争议，招来了不少同行的反对。即便如此，弗洛伊德仍是科学史上最有影响力的学者之一。他在潜意识、本能、压抑、防御机制等各方面的见解早已为大众熟知，迄今仍影响着我们对自身和他人的判断。直到现在，我们对心理治疗的印象仍是弗洛伊德式的：病人躺在沙发上，留着大胡子、一口维也纳口音的心理医生坐在旁边做着记录。

实际上，弗洛伊德在学生时代接受的是神经学训练，完成学业后，这位年轻的医生在治疗歇斯底里的病人时萌发了对潜意识的新想法——在当时，“歇斯底里”是个万金油式的诊断，用以描述患者极端失控的情感及虚弱、麻痹等身心失调的症状，病人通常是女性。弗洛伊德的治疗方法源自他的导师约瑟夫·布洛伊尔医生。布洛伊尔有位名叫安娜·欧的女病人，她的症状

安娜·欧将这套方法称为“谈话疗法”。但事实上，治愈她的并不是这套方法。虽然在接受治疗的当时，她的症状的确暂时减轻了，但后来，当她在疗养院休养一段时间以后，才摆脱了病痛的折磨。无论如何，安娜的案例让布洛伊尔和弗洛伊德深信，一些疾病与隐藏的记忆有关，后来弗

“对梦的解析是通往潜意识的坦途。”

——心理学家 西格蒙德·弗洛伊德

洛伊德也利用同样的方法来治疗自己的病人。在这个过程中，他发展出了自己的基础分析法，通过自由联想和对梦的解析来找回被压抑的记忆，揭开情感的冲突。

弗洛伊德不惧怕分析自己。1900年，他出版了第一部著作《梦的解析》，其中他自己的梦占据了非常重要的篇幅。弗洛伊德把梦称为“通往潜意识的坦途”，他把梦分为“谜面”和“谜底”两个部分，前者是指梦的表面情节，后者则是梦隐藏的含义。弗洛伊德接下来的几部著作让他的观点传遍了全世界，其中包括《日常生活的精神病理学》。

弗洛伊德建立了心理治疗的传统，定义了该领域的诸多术语，奠定了释梦的基础。

聚焦

西格蒙德·弗洛伊德

西格蒙德·弗洛伊德出生于奥地利摩拉维亚省的弗莱堡镇，然而这位未来的精神分析学家前半生其实与心理学毫无关系。他是一个犹太人，是犹太圈里的无神论者。而作为一个学派的领袖，他和几乎所有信徒都决裂了。

弗洛伊德是弗莱堡一个商人的儿子，年轻时的他天资聪颖，刻苦努力，会说8种语言，17岁就进入了奥地利维也纳大学攻读医学学位。在职业生涯的早期，弗洛伊德专注于神经学和脑部解剖学，但在1886年，他开始投入真正令自己着迷的领域：神经紊乱。

进入20世纪，弗洛伊德开始声名鹊起。在他身边聚集了一批优秀的信徒，这群人自称“周三心理学会”，阿尔弗雷德·阿德勒、奥托·兰克和卡尔·荣格都曾是这一组织的成员——后来他们三人各自发展出了不同的理论，并在20世纪初期与弗洛伊德分道扬镳。

1938年，纳粹入侵奥地利以后，弗洛伊德离开了这个国家。那时他已经病魔缠身，而且作为一个老烟鬼，口腔癌令他痛不欲生。1939年，弗洛伊德在伦敦蓄意使用过量吗啡，结束了自己的生命。

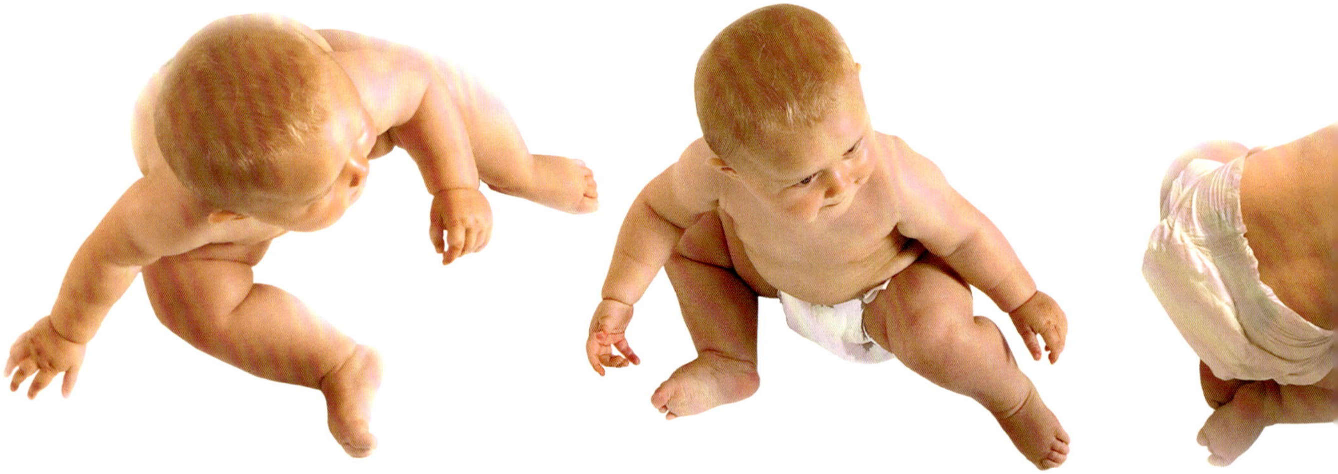

聚焦

卡尔·荣格

瑞士精神病学家卡尔·荣格是西格蒙德·弗洛伊德最著名的信徒，而在与弗洛伊德决裂的人当中，他可能也是最具影响力的一个。作为一名乡村教师的儿子，荣格在瑞士一个风景如画的小村庄中长大。年幼的荣格是个孤独的小男孩——他的所有兄弟姐妹都夭折了，而抑郁的母亲举止古怪，比如，妈妈曾告诉荣格，晚上她经常看到有灵魂前来拜访。“在很长一段时间里，我觉得女性天生靠不住，”荣格后来写道，“而从另一方面来说，父亲则代表可靠却无力。”荣格自己也不是个可靠的伴侣。1903年，他和瑞士富家女艾玛·劳申巴赫成婚，尽管他们生育了5个子女，但这段持续终生的婚姻一直伴随着数不清的外遇。

出于对灵性和精神病学的兴趣，荣格进入瑞士的巴塞尔大学学习医学。当时的西格蒙德·弗洛伊德已经声名在外，荣格给他写了一封信，从此与这位年长的心理学家成了密友兼伙伴。但是，到了1913年，荣格发展出了自己的理论，并与弗洛伊德分道扬镳。荣格对梦和符号很有兴趣，他提出，潜意识状态分为两种：个体潜意识和集体潜意识，后者囊括了所有人共享的符号库和原型。他还率先提出了内向型人格和外向型人格的概念，并形成了一套重要的治疗理念：人必须整合自己的意识和潜意识，才能得到完整的自我。

终其一生，荣格一直对神话和符号深感兴趣，他甚至在1959年出版了一本书来讨论UFO的意义。1961年，荣格在家中逝世。

这些观点十分激进。弗洛伊德把意识看作一套复杂的能量系统，由自卫本能和性冲动驱动。按照他的理论，大部分心理活动是在潜意识中完成的，这些记忆、情感和想法过于令人困扰，因此无法进入意识被我们感知。其中许多记忆可以追溯到性别初现、富有侵略性的童年早期，婴幼儿经历口腔期、肛门期等阶段，最终进入成熟的生殖期。根据弗洛伊德的理论，人类的童年被本我主宰，这是意识中最原始、单纯寻求快感的部分。接下来，自我开始抑制本我，最

经典的弗洛伊德派精神分析理论把婴儿视作纯粹的本我，因为他们唯一的驱动就是寻找快感。

后出现的是包含了社会评价的超我。

弗洛伊德对性欲的强调激起了对他的强烈抨击。然而即便如此，病人依然认同他对内心冲突和侵略性的描述。谈话疗法的效果不容否认，流行文化彻底接纳了弗洛伊德的见解。我们每一次追溯心理问题的童年根源，每一次提到“抑制”“肛门”等词语，都是弗洛伊德理论的余韵与回响。

弗洛伊德的精神分析理论影响着全世界，但随着时间的流逝，很多精神病学家开始修正他的观点。越来越多的科学家抨击弗洛伊德的方法无法验证甚至大错特错。比如，被压抑的童年性欲、女性固有的自卑，这些概念都遭到了彻底的颠覆。今天的心理治疗几乎已经完全抛弃了经典的弗洛伊德派精神分析法，但从另一个方面来说，现代认知科学以自己的方式复兴了弗洛伊德的某些关键理论。潜意识的存在已经通过实验得以证明，内心冲突、焦虑和自残也成了许多学术研究的源泉。

“原始本能”这个概念也在演化心理学领域获得了新的生命。达尔文在19世纪建立的学科曾深深影响早期心理学，现在又进入了解释某些

“向外看的人，有梦；向内看的人，清醒。”

——精神病学家 卡尔·荣格

基本意识机制的前沿领域。在《物种起源》中，达尔文曾预测道，“在遥远的未来，我看到了更广阔的舞台，属于那些更重要的研究。心理学将拥有新的根基，为每种精神力量和能力分出必要的层次。”

演化的意识

20世纪末，达尔文预言的“遥远未来”开始降临，认知科学家和神经学家逐步揭开脑部工作机制和思维过程的神秘面纱。演化心理学的拥趸者开始思考，自然选择如何推动思维过程的发展、如何塑造我们的本能行为。正如认知科学家史蒂文·平克所说，“认知科学帮助我们理解意识的本质及其形成机制，演化生物学帮助我们理解这些意识从何而来。”

演化是指某个种群在多个世代之间出现的遗传特征变化，而这些变化背后的驱动则来自自然选择过程。生物拥有两个终极目标：生存和繁衍。如果某种遗传性状有利于生物体的生存和健康繁衍，那么它会随着时间推移传遍整个种群；那些阻碍生存繁衍的性状则会逐渐消亡。这些遗传性状可能是生理层面的，也可能是行为层面的。

自然选择与遗传变异是形影不离的好搭档。遗传编码的随机变异会带来或好或坏的改变。比如，以红甲虫和绿甲虫为例：在绿色的背景里，红色的甲虫容易被鸟儿抓住吃掉，所以能够活下来并繁衍后代的红甲虫数量渐少。随着时间的推移，红甲虫的种群逐渐缩小，而绿甲虫则欣欣向荣。但是，红色的瓢虫却能在

聚焦

家养的狐狸

20世纪50年代，西伯利亚的遗传学家德米特里·别利亚耶夫启动了一项非同寻常的长期实验。他知道，早期人类曾把狼驯化成狗。家养的狗不光发展出了与祖先截然不同的身体特征，行为也与祖先大相径庭，它们比狼更加忠诚、更有感情、更具服从性。别利亚耶夫决心在30个世代内完成我们的祖先花费了许多个世纪才达成的目标：驯化一种野生犬科动物。他选择了赤狐，学名*Vulpes vulpes*。

别利亚耶夫和同事在挑选实验对象时以温和的性格作为考核标准。入选的赤狐幼崽愿意接受实验者的抚摸，还会摇尾巴，发出呜呜的叫声。40年后，最初的这批实验动物繁衍了45 000头后代，别利亚耶夫的新西伯利亚狐狸农场成功培育出了100头完全被驯化的狐狸，它们感情充沛，非常渴望人类的陪伴。“就在我们的眼皮子底下，”实验者柳德米拉·特鲁特写道，“野兽变成了伙伴。”驯化实验也带来了有趣的副作用：尽管实验者在挑选培育对象时仅以行为作为标准，但是最后，被驯化的狐狸却出现了明显异于野生同类的生理变化，就像狗和狼一样。家养狐狸发育出了软塌塌的耳朵和弯曲的尾巴，有的狐狸皮毛上还出现了星状色素沉积。尽管培育实验筛选的标准是狐狸的行为，但它显然改变了一整套相关基因组成的复杂系统。

同样的环境下活得很滋润，这是因为它们有别的高招。红瓢虫吃起来是苦的，鸟儿们很快就学会了避开它们，所以在鸟儿眼里，红瓢虫的鲜艳体色代表的不是美餐，而是警告。

在动物身上，我们很容易分辨哪些行为和生理特征能够促进生存及繁衍。比如，鸣禽遇到掠食者会本能地逃跑，春天它们则会发出宛转的鸣唱，吸引配偶。但是，要承认我们自己的行为也是在演化中形成的，这就不那么容易了。很多人拒绝相信，我们选择伴侣的标准和某些奇怪的恐惧症都源自史前时代。尽管如此，也没有理由认为人类是生物中的特例。在数十万年的漫长岁月里，我们的脑部必定会发生变化，今天的我们与类人猿时代的祖先必定大不相同。比如，我们发展出了语言。不过，若是以人类生命的长度来衡量，演化的过程十分缓慢。有利于史前人类生存的某些行为迄今仍深植于现代人类的脑中。

»模块化的脑

人类身体拥有模块化的构造和能高效地执行各种功能的器官，我们的脑也一样。各个神经元回路都有自己的职责，专注于解决特定的问题。脑部的不同区域分别掌管着视觉、记忆、知觉、面部识别和其他许多功能。某套特定的通路专门用于性吸引，让我们不自觉地就能注意到值得倾慕的异性。经过演化，这些回路或者模块会用不同的准则来解决不同的问题。这也是件好事，女人挑选巧克力棒和挑选丈夫时肯定不能用同一套回路，除非她希望找个甜腻腻、黏糊糊的男性。

“把握现在是心理健康的重要组成部分。”

——心理学家 亚伯拉罕·马斯洛

这些回路牢牢嵌在正在发育的脑中，于是我们一出生就得到了这份天然的“秘诀”。所有动物都有单独的脑回路用于觅食、挑选配偶、探索栖息地。人类婴儿生下来就能识别人脸，出生不到10分钟的宝宝就会转动眼珠和头部，追踪类似脸庞的东西，却对杂乱的图像不感兴趣。6到8个月的时候，婴儿会发展出对陌生人的恐惧，尤其是男性陌生人。我们之所以会有这样的本能，是因为雄性动物可能对其他雄性的孩子造成威胁。

新生儿出生几分钟后，就会注意到人脸并把头朝向人脸的方向。

患有蜘蛛恐惧症的人很多，他们对蜘蛛有着本能的恐惧。

由于演化的速度很慢，所以能在史前环境中帮助人类祖先存活的某些本能行为至今仍伴随着我们，例如恐惧症。怕蜘蛛、怕蛇、怕陌生人、怕高，这些都很常见。视觉试验表明，我们的大脑能够从混乱的背景中迅速找出蛇或者蜘蛛的图像，却会忽略掉其他同样有害的东西。但对于一些更加危险的现代物品，我们很少会有本能的恐惧，例如枪或电源插座。对我们的祖先来说，害怕、逃避有毒的动物或者有潜在威胁的陌生人，是件非常自然的事

我们互相帮助，
团结一致。
让人群排列成心形
似乎是个不可能完成的
任务，但我们做到了！

情。今天，尽管这些恐惧有些莫名其妙，然而深植于本能中的演化行为仍困扰着我们。

为了解决不同的问题，我们演化出了不同的本能，而这些本能可能会相互竞争。比如，对陌生人的恐惧可能会与性吸引冲突，每次我们战胜羞怯结识新朋友时，都会感受到这样的纠结。

»社会环境

人类还拥有社会层面的本能，在这个世界里，我们需要对他人的行为作出响应。对我们来说，社会环境和自然环境同样重要，甚至更重要。人类是社会性动物，研究表明，生活中存在“别人”才是正常健康的。今天，亲密关系与丰富的社交网络往往意味着健康与幸福。脑部扫描表明，背后有社会支持的人更冷静，警惕性更低。人类的脑似乎认为社交是基本的行为底线。在我们的一生中，社会资源的支持都很重要，无论你是否意识到。

社交能分摊风险。遇到危险时，群体内的成员会相互提醒，这显然是个优势。社会关系还能节省精力。从历史角度来说，朋友、家庭和社区能够提供帮助、共享信息，从整体上节省个人在日常生活中消耗的精力。他人的存在会让我们感觉有所依靠，这是一种本能响应。比如，近期的一项研究发现，如果站在朋友身旁，那受试者会觉得面前的山看起来似乎没那么陡——友谊越深厚，效果就越明显。换句话说，面对艰巨任务时，求救于场外朋友真的管用。

亲密关系能够更加显著地减轻压力，让生活变得轻松。亲密的伴侣会共同抚育孩子，互相安慰、互相照顾。而伴侣的情感支持也能带来精

(?) 问问自己

量化安全感

»人类有多像鸵鸟？

人类和鸵鸟一样，在群体中都会觉得安全、放松。研究野生鸵鸟的科学家发现，这种动物有两套相互竞争的优先级系统。为了尽早发现掠食者——包括猎豹、狮子和非洲野狗——它们必须伸直长长的脖子，把头抬得高高的。与此同时，它们爱吃的植物都长得很矮，所以为了觅食，鸵鸟必须低头贴近地面。于是这些瘦高的鸵鸟必须不停地抬头、低头，在两种状态之间切换。

群体生活解决了这个问题。在鸵鸟群中，只有一部分鸵鸟需要抬头警戒，而它们的同伴可以专心低头觅食。群落里的鸵鸟越多，留给每只鸵鸟觅食的时间就越长。观察者发现，每只鸵鸟抬头寻找掠食者的时间长度与群落里的鸵鸟数量直接相关。鸵鸟越多，每只鸵鸟抬头的时间就越短。

人类会一起分摊劳动，共担重负，社群还能帮助你分摊风险。虽然大的群落同样会面临风险，但群体中的个体遭遇风险的概率小多了。

»所以，问问你自己：

面对艰难任务，无论是工作上的复杂项目还是家里的棘手事务，在单打独斗和有人陪伴的情况下，你的感受会有何不同？你的情感反应是什么样的？同伴的支持是否会缓解你的焦虑？下次遇到挑战时，你觉得自己应该怎么办？

神上的鼓舞。在一项实验中，实验者告诉受试女性，你将接受电击；受试者分别是孤身一人、握着陌生人的手或握着伴侣的手。结果表明，孤身一人时脑部表现出的警觉性最强，其次是陌生人组，而与伴侣一起时，受试者的压力最小。

其他社会性本能有同样明显的演化优势。比起远亲来，我们更容易对近亲表现出无私大度；我们总爱揪出骗子和不劳而获者并施以惩罚；我们天生对社会地位和等级很敏感。所有这些行为都有利于保护我们的家庭和社会环境，使之保持稳定、可靠。

性别与演化

1978年，两位研究者招募了一批男女大学生，要求他们在校园里漫步并询问路上遇到的异性，“我注意你很久了，我觉得你非常迷人。你今晚愿意和我上床吗？”所有被询问的女性都拒绝了这个提议，但75%的男性欣然同意，其中有的人甚至回答说：“我们为什么非得等到晚上呢？”接下来的几年里，研究者又数次重复了这项实验，结果都是一样的，包括艾滋病出现以后的20世纪80年代。

男女在性方面的表现截然相反。

男人喜欢拈花惹草，女人期待长久关系，这样的观念老套而陈腐——但却在世界范围内得到了众多实验的验证。而且研究者还发现，男人想到性的频率远远高于女性。比如，美国一项针对18岁~59岁年龄段的人群的调查发现，54%

的男人表示他们每天都会想到性，甚至不止一次；但做出同样回答的女性只有19%。另一项研究发现，在约会的青少年中，女孩通常希望在上床之前找到心动的感觉，但男孩却不这么认为。

在性欲及相关行为方面，男女差别如此巨大，其背后有着清晰的演化解释。男性和女性拥有相同的目标：尽可能地完成生存和繁衍。但是，与这两个目标相关的成本和收益却有明显的性别差异。站在历史的角度来说，对女性而言，怀孕、分娩、抚育子女都是风险巨大、占用大量资源、持续终生的活动。一个忠诚、强大的伴侣能够大幅减轻女性的风险与负担。从另一方面来说，男性只需要尽可能广泛地散播自己的基因即可，无须承担任何风险，只需坐享收益。所以，男人有什么必要坚守一夫一妻制？从另一个冷血的角度来看，交配是一种交易行为。性和生育能力可被视作有价值的资源，主要由女性控制，而男性需要通过求偶和建立长期关系来"购买"这种资源。

聚焦

我有点儿后悔

对于后悔这种情绪，大部分时候男人和女人的感受十分类似。男女都更倾向于为自己没有做某事而后悔——错过的良机，不肯去冒的风险，等等——而不是懊恼于已经做过的事情。

但是，一旦牵涉到恋爱，男女对悔恨的体验立即出现了差别。女人更容易为自己过去的举动而悔恨，比如悔不该跟某个混蛋扯上关系；而男人更容易为自己没有选择的道路而懊恼。这样的区别可以从演化的角度解释：谨慎挑选伴侣对女人有好处，而男人总是倾向于寻找众多伴侣。

从演化的角度来看，对待私通的双重标准也相当顺理成章。无论古今，全球文化对女性背叛丈夫的批评都非常严苛，相反，对出轨的男性则宽容得多。偷情的女性将自身的宝贵资源——生育力——交给了其他男性，延续他的基因；而出轨的男性却依然可以令自己的妻子受孕，所以从演化角度来说，他们的不忠并未损害配偶关系。

演化原则还解释了我们如何判断什么样的异性更具吸引力。男人和女人都更欣赏长相对称的异性，这代表着对方拥有健康的基因。全世界的男人都会被代表生育力的特

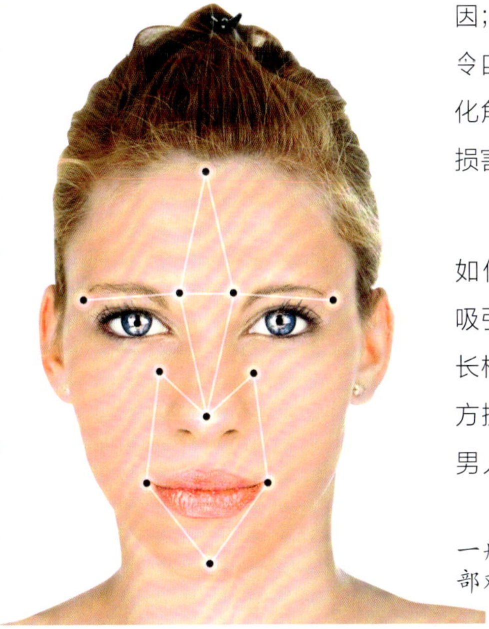

一般来说，在异性眼里，脸部对称是基因健康的标志。

“人们常说男人是理性的动物。我一生都在寻找能支持这个说法的证据。”

——哲学家 伯特兰·罗素

征吸引，所以他们喜欢长相年轻、腰肢纤细的姑娘。而女人对长相没那么在意，反而更注重能力，所以女人喜欢体贴的富人。

男女在记忆技巧上的微妙差别同样源自演化的影响。可能是因为在人类历史上的大部分时间，男人是狩猎者，女人是采集者，所以男人演化出了更强的空间导航记忆，女人则更擅长对物体的记忆。虽然两性之间的这种差别非常微妙，但的确存在。在一项研究中，受试的男性和女性拜访了集市上6个不同的食品摊。然后研究者出示了一份集市地图，要求受试者指出各个食品摊的位置。结果女性的表现明显占优势，说明她们善于记住哪里可以找到高热量食物。在原始时代，对觅食的女人来说，这样的技巧相当有用。这类石器时代的记忆技巧一直留存在现代人的脑中。

婚姻模式反映了我们将基因传递给下一代的原始冲动。

文化影响

尽管演化心理学可以解释很多问题，但我们必须时刻牢记：决定人类行为的因素纷繁复杂，本能倾向只是其中之一，后天习得的行为很容易战胜本能。几个世纪以来，西方世界对“性感”的判断标准发生了极大的变化，从17世纪的鲁本斯曲线到近几十年来的中性体型，这样的快速变化根本无法从演化角度解释。按照演化理论，男人应该偏爱处女配偶，因为这可能会保证未来孩子的血统纯洁。但是，调查表明，不同文化对配偶贞洁的看重程度相差极大。比如，亚洲的大部分男人的确喜欢处女，但瑞典、德国和法国的男人就不那么在乎，甚至可能反感处女。几乎所有文化都赞同一夫一妻制，人群也随之适应，最终男人和女人都在追求长期承诺。演化无法决定行为，“我这样做是出于本能”只是个蹩脚的借口。

相互竞争的需求

演化还塑造了我们的行为动机。1943年，美国心理学家亚伯拉罕·马斯洛为学界引入了新的观点。弗洛伊德派心理学家一直在研究神经衰弱与机能失调，而行为心理学家更喜欢探究学习和刺激背后的机制。马斯洛开辟了第三条道路：通过动机来分析人类行为。他相信，人类对目标的追求出于天生的需求，是每个人内心深处的固有动机。虽然他并未引入演化理论，但他的理念反映了演化论的基本原则，即所有行为都是以目标为导向的。在自然选择的压力下，我们努力追逐着自己希望达成的目标，例如生存和繁衍。

马斯洛定义了适用于所有人的5种基本需求或者说基本动机，并将它们分出层次，形成了现在众所周知的“马斯洛需求金字塔”。金字塔最底层是基本的生理需求，包括食物、水、睡眠和性。第二层则是安全需求：庇护、人身安全、可预知的未来。第三层是爱与归属需求，包括各种各样的情感与社会关系。再上一层是尊严需求：对自己感觉良好，得到他人的敬重。金字塔的最顶端是自

试试看

追踪这些方块

你的空间记忆能力有多强？找一位搭档，试试我们改编的柯尔西方块测试，这个小游戏可以测验你对位置的短期记忆能力。你需要9个完全相同的方块或者类似的物品，并在方块的某个面上贴上1~9的编号。

»测试很简单：

让测试者坐在你对面，把方块在桌子上排成特定的顺序，有编号的那面朝向他那边，你坐在他的对面。游戏开始，测试者连续翻开标有1号和2号的方块，随后恢复方块的原状，然后你以相同的顺序翻动那两个方块。接下来，测试者重新排列方块，再次翻出1和2，你也再次重复。经过两次成功的尝试后，测试者翻开1号、2号和3号方块，并请你重复。每次结束后，方块都需要重新排列。一般来说，大约翻到5号方块的时候，人们的记忆就会混淆，记不住顺序。试试看，你的最好成绩是多少？

我实现需求，即发挥自身潜力的渴求。

马斯洛将心理动机划分为金字塔的形式，这是为了说明通常情况下，某些动机的优先级总是高于其他动机。对食物、庇护和安全的原始需求总是高于社会性需求和艺术需求。快饿死的人最想做的肯定是觅食，而不是表达自己。马斯洛还相信，这套金字塔系统反映了人类的发育过程，刚出生的婴儿只有最基本的生理需求，随着他们慢慢长大成人，对情感、尊严、自我实现的需求才会慢慢浮现。

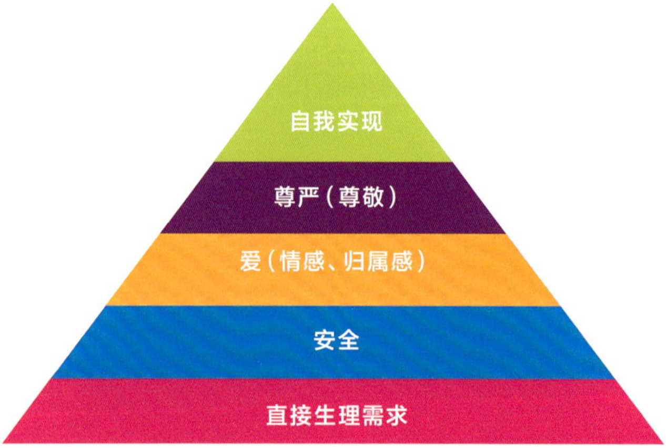

马斯洛人类需求金字塔

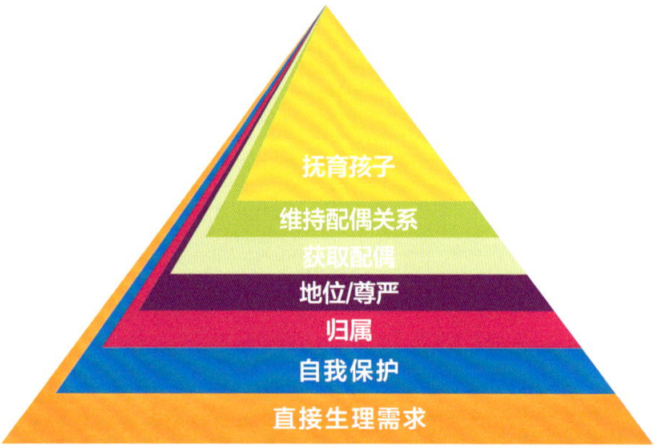

肯里克人类需求金字塔

无论是对专业的心理学家还是外行，马斯洛的需求金字塔都非常简明合理。在这套理论的帮助下，学界发展出了积极心理学，研究如何更好地让人获得幸福。从某种程度上说，金字塔理论也得到了研究证实。对于基本生理需求、安全、社会关系和身份，人类的确拥有强烈的追求动机。但是，自我实现是否属于基本需求的一部分，这就颇有争议了。的确，人类常常追求创造性和自我表达，比如，有人会从事没有任何物质回报的工作。但是，金字塔的这一层级十分缺乏现实的佐证，因此，动摇了整套体系的可靠性。

当代心理学家道格拉斯·肯里克及同事提出了一套升级版的人类需求金字塔，将需求与动机更清晰地对应起来。金字塔最底层和马斯洛的基本相似，但“自我实现”的层级却换成了“获取配偶”“维持配偶关系”和“抚育孩子”。与马斯洛的金字塔相同，肯里克的理论也是按照优先级和儿童发育顺序排列的。饥饿、自

远古环境造就了我们的身体和心理。

我保护等需求从婴儿期就开始出现，而社交和尊严需求在儿童期开始逐渐凸显，进入青春期后，人类开始利用习得的社交技巧去寻找、吸引伴侣，接下来再顺理成章地进入抚育孩子的阶段。

肯里克金字塔采用层层嵌套的形式，强调人的需求是重叠的，更后期、更高级的动机无法取代早期、底层的动机。终其一生，我们的所有需求都各安其位，有时候在特定情况下，需求也会相互竞争、超越。我们在追求地位和爱人时，如果人身安全或基本的生存需求遭到威胁，前面的需求也不会消失，但可能会暂时减弱。根据具体环境，我们的需求会彼此重叠，或者此消彼长。如果你正在跟上级共进午餐，希望给他留下好印象，但突然发现一只蝎子爬到了你的腿上，刹那间生存需求会战胜对身份地位的需求，你会跳起来把蝎子拍掉。但是，如果爬到腿上的是一只蚂蚁，那么地位需求会抑制生存需求，你可能不会去理会它。

远古环境造就了我们的身体和心理。

»过时的适应习惯

远古环境中的艰难险阻造就了我们的身体和心理。当时的某些困难现在已经不复存在，但我们为了适应它而演化出的特征却留存至今。演化需要几千上万代完成，所以现在的我们不得不用狩猎时代的身体和头脑来应对今天的新食物、新技术和新文化。

肥胖和糖尿病就是这种演化错位带来的后果。在人类历史早期，高能量的糖和脂肪非常有用，但很难获得。所以我们的身体会渴求这类食物，不择手段地寻找它们，并把多余的热量储存起来以防饥荒到来。但是现在，这些营养物质过于充裕，至少在发达国家，饥荒变得极为罕见，然而我们的身体还没有完全理解这个好消息，所以仍会不知疲倦地追求甜食，并把多余的热量储存起来。糖提供的多余热量高居所有来源之首。下次想吃蛋糕的时候希望你能想到，你的祖先或许需要这块蛋糕，但你不需要。

恐惧症则是另一个过时的适应习惯。今天，蛇、蜘蛛和开放空间带来的威胁已经变得微不足道，但你的脑却不这么认为。就连现代才出现的一些恐惧症也有其原始根源。怕坐飞机显然不是从飞机发明后才演化出来的，恐高、害怕密闭空间、害怕在不熟悉的环境中失去控制，这些根深蒂固的恐惧都来自人类早期。这些因素加在一起，让乘坐飞机变得格外可怕。

分离焦虑也曾在生存竞争中扮演重要角色。对原始人类的儿童来说，他们害怕看护人离开是很有道理的。今天，孩子们或许需要离家去上幼儿园或日托班，但深植内心的分离焦虑可能会给他们（和父母）带来困扰。你应该理解这

分离焦虑可追溯到原始时代，那时候，离开父母可能意味着危险。

一点，安抚和保证可以帮助孩子战胜恐惧，同时帮助父母和看护者熬过这一关。

现代医学发现，某些本能不光无益，甚至可能带来危险。在避孕手段普及之前，男性的性嫉妒有助于阻挡其他男人，保证配偶怀上的是自己的后代。但在有效避孕手段普及以后，理性的男人就应该摈弃这一原始需求。与此类似，如果女性身处的社会环境让她有能力养活自己和孩子，那她就应当抛弃情感上的嫉妒心理。但是，这样的社会环境存在的时间太短，完全不足以消除我们大脑中这些过时的记忆。不过话又说回来，如果远古时期就有了避孕手段，那它可能会被视作妨碍繁衍的有害之物。正如心理学家史蒂文·平克所说，“如果更新世的稀树草原上有一种树会结避孕药片，那我们或许会演化出对它的恐惧，就像我们害怕毒蜘蛛一样。”

恐惧症是过时适应习惯的明确证据。

“要想让自己变成希望的样子，就不能故步自封。”

——商人兼作家 马克思·德普利

»后见之明与未解之谜

演化心理学是个尚在发展中的领域，目前仍有许多批评的声音和未解的谜题。这套理论最大的弱点在于，它总是在事后归纳总结。一般是在看到某个现象后，才追溯事件背后的演化根源，但这未免太过容易了。人类为何会有利他行为？那是为了营造一个安全、合作的社会环境，以利于自身基因的传播。为什么会有杀人犯？那是为延续基因而选择铤而走险的行为。大众媒体经常会有这样信手拈来的解释，但科学家秉持严谨的态度，希望将所有推测建立在经过论证的基础之上。

有的行为很难用自然选择来解释，自杀就是最明显的例子。美国每年有将近4万人自杀，其中大部分人的年龄在15岁到44岁之间。你很难为年轻人自杀找到演化角度的理由，这样的行为显然早应被淘汰。自杀或许是另一种行为的负面副产品，但目前我们还没有找到合理的解释。

尽管这个领域尚有很多未解之谜，但已经有相当数量的研究支持这一观点：演化塑造了我们的脑部，并进一步塑造了一切由脑控制的东西，包括根深蒂固的本能行为、我们的性格，甚至基本的身份认同。我们之所以会成为今天的样子，是因为人类祖先在当时的环境中面临各种挑战，并调适自己的心理战胜了这些挑战。原始的脑加上这些为适应环境而做出的变化，就形成了现代的我们——有快乐，有恐惧，爱冒险，爱他人，对自身充满好奇。

人类意识的许多机能都源自原始的生存压力。

》第二章《
意识是脑部活动的产物

我们是否了解自己的意识？脑科学研究表明，答案似乎是否定的。在大脑半球切除术之类罕见的手术中，大脑两个半球之间的通信遭到破坏，通常是因为外科医生切断了连接左右半球的神经束，也就是胼胝体，这是治疗严重癫痫的最终手段。

一般来说，大脑左右半球失去联系后也能正常运作，患者的性格和智力都不会受损。这样的手术让我们明白，大脑的两个半球基本可以相互独立地工作，就像患者同时拥有两个意识，而且两个意识有时会彼此冲突。

在一项经典的实验中，研究者让脑裂患者坐在屏幕前，并且盯着屏幕中央的一个点。然后研究者操纵屏幕，让“HEART”这个单词出现在屏幕上，其中“HE”两个字母出现在屏幕左边，“ART”则出现在右边。研究者询问患者看到了什么单词，他们回答说“ART”——这个词通过交叉的视觉通路从屏幕右边传向大脑左半球，即语言中枢所在地。但是，如果实验者要求这些病人用左手去指自己看到的单词，他们却会指向“HE”——因为大脑右半球控制着左手。实验进行到这一步，患者会吓一跳，因为他们根本没意识到自己看到了这两个字母。有的脑裂患者能够同时阅读两本书，左右眼各一本，或者同时用双手各自画出不同的形状。某些脑裂患者甚至真的会出现“左手不知道右手在干什么”的情况，他们用一只手解开纽扣，另一只手却重新把它扣上。

对那些自以为知道自己在想什么的人来说，最令人不安的似乎是这一点：患者本人根本不会意识到大脑左右半球之间的冲突。如果右脑接到了“走”的指令，患者就开始走路。但如果有人问他为什么要走，他既答不出来“有人叫我走”，也不愿承认自己不知道。于是负责合理化解释的左脑

脑

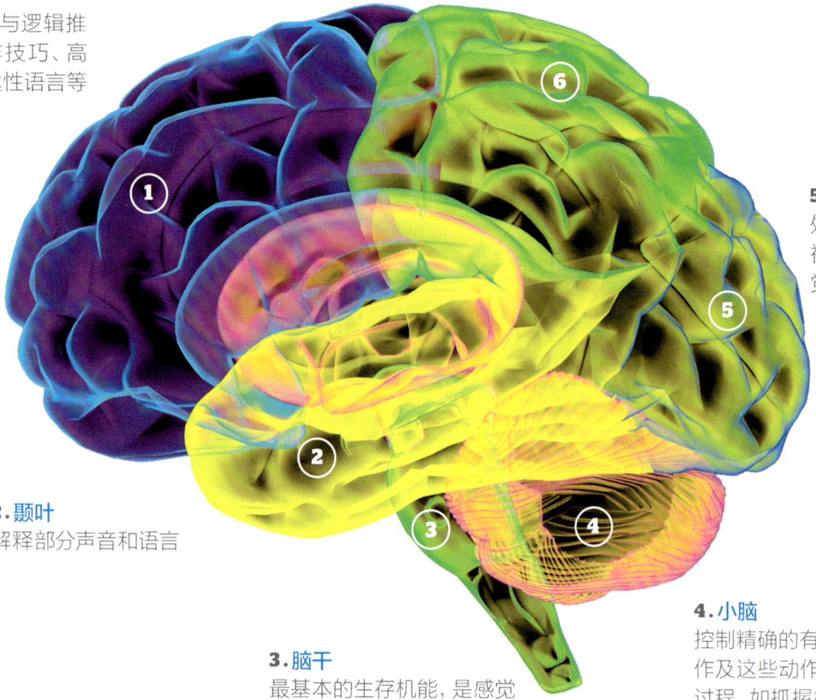

1. 额叶
最大的脑叶，与逻辑推理、精细动作技巧、高级认知和表达性语言等功能有关

2. 颞叶
解释部分声音和语言

3. 脑干
最基本的生存机能，是感觉神经和运动神经的所在地

4. 小脑
控制精确的有意识动作及这些动作的学习过程，如抓握杯子

5. 枕叶
处理眼睛通过初级视觉皮层传来的视觉刺激

6. 顶叶
处理触觉、痛觉之类的感官信息

脑由大脑、小脑和脑干组成。大脑是脑最主要的组成部分，它分为左半球和右半球。大脑最外层被称为大脑皮层，每个半球的大脑皮层又分为四个部分，即四个脑叶——额叶、顶叶、颞叶和枕叶。

就会为他找个理由："我要去屋子里拿瓶可乐。"

我们真能控制自己的行为吗？还是说我们的脑自有主张，完全独立于意识？正如演化学所揭示的，我们的部分行为深植在脑的深处。现代神经学的研究成果也告诉我们，脑基本可以独立处理信息、做出决策。现在很多心理学家赞同认知学家马尔温·明斯基提出的观点，"意识就是脑部活动的产物"。很多情绪和行为可以直接追溯到脑部的对应区域。记忆、注意力、判断、知觉、同理心、情感、认知及其他很多东西都植根于神经的作用过程之中。令人不安的是，我们常常意识不到这些过程，只有通过脑扫描才能发现它们的存在。当你发现自己做出某些古怪的行为时，很可能就是出于这个原因——那些奇怪的举动来自于脑。

聚焦

基础脑科学

我们颅骨里皱巴巴的灰白色器官是生物学的奇迹。大约900亿个神经元交织成极其复杂的网络，不仅控制着我们的身体，还赋予我们奇妙的意识和身份认同。

在最基本的层面上，脑可以分为3个部分：后脑、中脑和前脑。后脑和中脑主要掌管一些原始的机能，例如呼吸、心跳和协调运动。讨论意识的时候，我们通常谈到的是大脑和藏在大脑内部的边缘系统。

大脑被一道深深的沟回划分为左半球和右半球。一般而言，左右半球的结构和功能互为镜像（虽然大部分语言能力由左脑控制）。大脑左右半球的后半部分是枕叶，它负责处理视觉信号；侧面是掌管声音、语言和部分记忆的颞叶；大脑最上方的顶叶负责运动、计算和部分认知方式；而在大脑的最前方，也就是你的额头后面，是控制有意识思维、决策和情绪响应等机能的额叶。

边缘系统见缝插针地挤在大脑的内部、下方和中心，它负责传递与生存息息相关的情感和信息。来自各个感官的信号在边缘系统里完成归类和分配。左右半球的杏仁体都能探测、传输恐惧，而海马体掌管着长期记忆，它是身份认同的基础。

两套意识

我们可以绘制一幅大脑地图，画出各种心智能力对应的区域。很久以前我们就已经知道，大脑的两个半球分别接收对侧位置的视觉信号：右半球负责左眼，左半球掌管右眼。与此类似，每个大脑半球也控制着对侧的身体，右脑负责身体左侧的活动，左脑则负责身体右侧的活动。

两个大脑半球互为镜像，但某些心智机能主要由一个半球控制。数学、逻辑和记忆检索属于左半球，空间感、对音乐和艺术的理解、直觉推理、对脸部和情感的认知则主要由右半球完成。大脑左右半球都有负责语言的区域，但左半球居于优势地位，它负责理性的解释性言语；右半球也能识别大部分单词，但却难以理解语法。你的右脑无法分辨“飞机在飞”和“去飞飞机”两个短语有何不同。

明确的分工大幅度提高了脑的工作效率，两个半球之间的通信又保证了双方的顺利合作。胼胝体传递信息的速度很快，所以我们能在极短的时间内把左右眼看到的东西综合起来、协调身体两侧的动作，根本不必经过有意识的思考。词语的字面意义储存在左脑中，而它在当前背景下的深层内涵则由右脑解读，一般人根本觉察不到左右脑的分工。我们的思想和行为看起来都是高度统一的，出自同一个意识。

试试看

来个快乐的表情

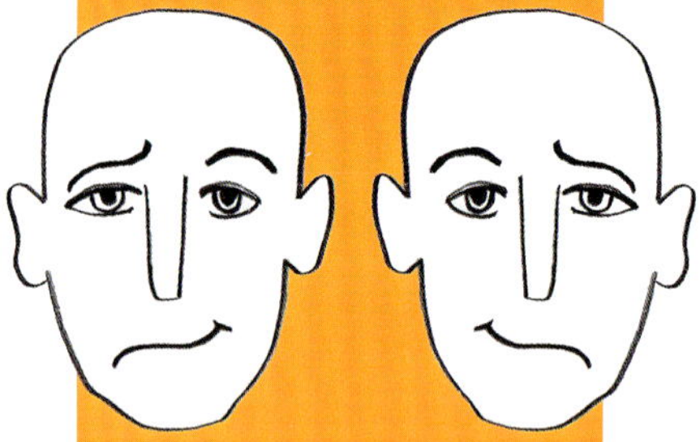

»分别盯着以上两张脸的正中间观察片刻，你觉得哪张脸的表情看起来更高兴一点？如果你和大多数人一样，那么答案是右边那张。这可能是因为负责处理左眼信号的右脑掌管着对面部表情的识别。

»意识的冰山

撇开脑裂患者不谈，普通人的脑部也有两套处理系统：有意识的信息处理过程（例如知觉、想法、情感、决策）和无意识的信息处理过程。正如冰山浮现在水面上的部分只是小小的一角，我们脑子里无意识的处理过程远远多于有意识的。有人估计，所有感官每秒大约接收1100万比特的信息，但我们意识到的只有40比特。这并不是一件坏事。如果人类时刻都会注意到每一点噪声、每一点触碰、每一次呼吸和每一次姿势的细微调整，那我们根本就无法正常生活。

盲视现象就是无意识认知的例子之一，它出现在皮质盲患者身上。这些患者的眼睛和视神经通路都完全正常，但掌管视觉和识别物体的脑区域受到了损伤。如果把一个球放到患者面前，患者会告诉你，“我什么都看不见”，但如果让他伸手去抓这个球，却能准确无误地完成。这是因为大脑中负责识别位置的区域没有遭到损伤，它接收到了部分视觉信号，这个过程完全是在无意识状态下完成的。

其他心智过程也会出现与盲视类似的现象，包括记忆、决策、偏见、社交互动和情绪响应等过程。

正如冰山浮现在水面上的部分只是小小的一角，我们脑子里无意识的处理过程远远多于有意识的处理过程。

大部分现代心理学研究项目都在努力探究这些“水面之下”的现象，以及它们如何影响人类行为。

变化的状态

无意识心智活动的最佳案例是日常生活中十分常见的意识状态变化。一天有24个小时，其中大约8个小时我们都在睡眠中度过，在这段时间里，意识会进入一片黑暗的区域，有瞬息万变的心理模式和光怪陆离的幻象。在睡眠状态下，我们对外部感知的警觉性下降，但并未完全消失，比如空调启动声、熟悉的音乐声或许不会打扰

有意识
（水面上方）
无意识
（水面下方）

到我们，但楼梯上的陌生脚步声却会让你惊醒。

睡眠和无意识不尽相同，它是一种独特的现象。研究者把脑电图仪接在入睡的受试者脑部，结果发现，一整晚的睡眠由5个周而复始的阶段组成。第一阶段的标志是不规律的脑波；第二阶段睡眠渐深，人会更加放松，脑部偶尔会出现峰值活动；第三阶段非常短暂，主要起过渡作用；最深的睡眠出现在第四阶段，脑部会释放缓慢的δ波。从最深的第四阶段开始，脑慢慢苏醒过来，变得更加活跃，直至进入REM（快速眼球运动）阶段，也就是做梦的阶段。在这个阶段，心跳加快，眼珠在眼睑下方快速来回活动，所以第五阶段被称为“快速动眼睡眠”。如果在这个阶段被唤醒，超过80%的人会说自己正在做梦。与此同时，脑干会彻底关闭大肌肉运动，所以除了眼睛或指尖的细微活动以外，整个身体实际上进入了瘫痪状态，以免因梦中的动作而手舞足蹈。有时候身体的瘫痪会持续到苏醒阶段，让人陷入一种临界状态——无法动弹带来的不安和半梦半醒之间的幻觉，这可能会形成一种相当恐怖的体验。

为什么人的意识状态每天都会出现这样奇妙的变化

睡眠周期内的意识活动与清醒时的不同。

睡眠的阶段

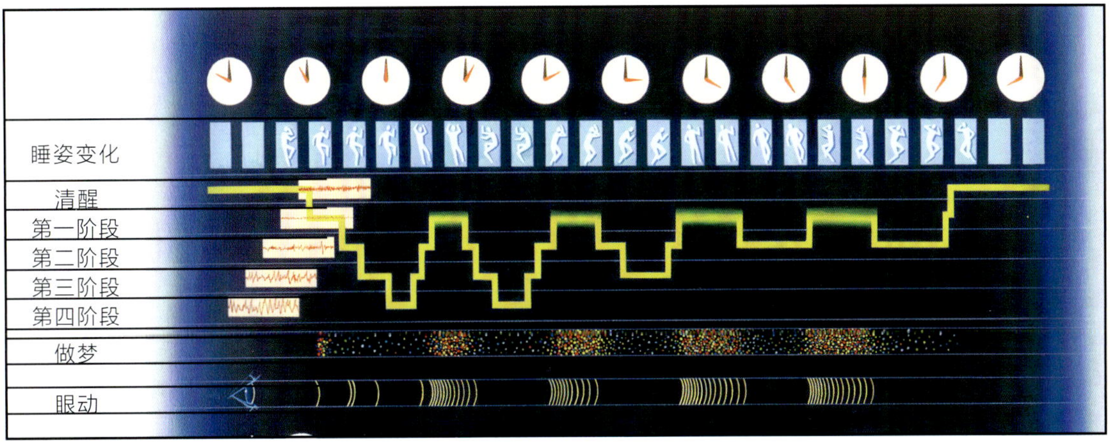

呢？谁也不知道答案。睡眠仍是当今世界上最大的科学谜题。从演化的角度来看，睡眠是一种浪费，而且相当危险。睡眠中的动物不会繁殖，还很容易遭到掠食者攻击。但纵观自然界，睡眠似乎非常重要。需要睡觉的不光是人类，还包括所有鸟类和哺乳动物。没有睡眠，我们很快就会失去生命。一种罕见的遗传性失眠症患者通常会在数年内死去，如果一直不让小鼠睡觉，几周后它们就会死掉，而解剖尸体时却找不到任何物理性的原因。

睡眠的原因是什么，人们为此提出了五花八门的理论。有的科学家相信，睡眠是维持脑部机能不可或缺的一环。实验表明，在睡眠状态下，脑可能会巩固新学到的信息，同时清除其他老旧无用的神经通路。还有一些研究者认为，睡眠主要是为身体节省能量和资源，这样一旦有危险出现，动物就能快速响应。截至目前，这些理论无一得到确证，我们能够坚信的只有一点：睡眠至关重要，不可或缺。

没有睡眠，我们很快就会失去生命。

» 麻醉

药物也能改变人的意识状态，最有效的无疑是全身麻醉，它会让人进入完全无意识的状态，彻底切断你对痛苦的感知。我们尚未完全理解药物麻醉的确切机理，尽管这一技术在150年前就已投入实践。总之，某些药物会以一种未知的方式屏蔽脑部某些神经冲动的传递，同时却不影响基本的呼吸和心跳。大部分人从全身麻醉中清醒后并不记得麻醉期间的任何事情，但是，一部分不幸的人却有完全不同的体验。

大约有千分之一到千分之二的全麻患者称，自己在麻醉过程中仍有部分知觉，或者听见了医生在手术中说的话，这种情况被称为“清醒麻醉”。大部分情况下，他们不会感觉到疼痛，但即便如此，这样的体验仍十分可怕。很多医院会在术前使用脑电双频指数（BIS）监控仪来观察脑波，以此判断患者的清醒程度。但是，近期研究表明，这种监控仪或许无法预防“清醒麻醉”。另一种方法也许有望解决这个问题。研究者对麻醉后处于清醒过程中的患者进行脑部正电子发射断层扫描（PET），结果发现，苏醒是从最古老、最深层的脑结构开始的，例如丘脑和边缘系统。这或许可以解释为什么只监控脑皮层的仪器无法有效探测“清醒麻醉”。

PET扫描利用放射性示踪剂来描绘脑部情况。

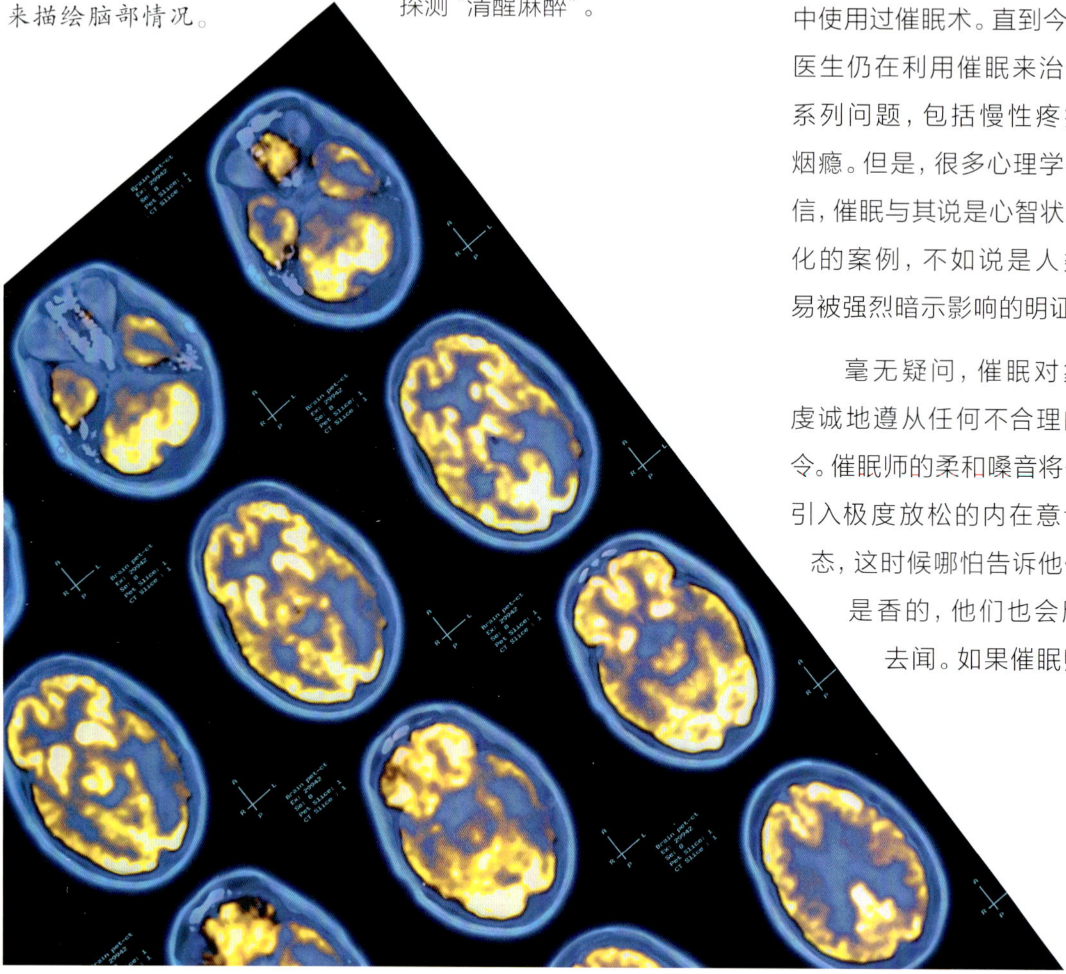

»催眠

和药物一样，催眠也会引起心智状态的变化。在18世纪，维也纳医生弗朗茨·梅斯梅尔首次使用“动物磁性法”来治疗病人，由此将催眠引入医疗实践中。催眠师会让病人进入一种类似“出神”的状态。西格蒙德·弗洛伊德和他的众多信徒也曾在心理治疗中使用过催眠术。直到今天，医生仍在利用催眠来治疗一系列问题，包括慢性疼痛和烟瘾。但是，很多心理学家相信，催眠与其说是心智状态变化的案例，不如说是人类容易被强烈暗示影响的明证。

毫无疑问，催眠对象会虔诚地遵从任何不合理的命令。催眠师的柔和嗓音将他们引入极度放松的内在意识状态，这时候哪怕告诉他们尿是香的，他们也会欣然去闻。如果催眠师指

示他们忘记自己在催眠期间的举动，他们也会照办。PET扫描显示，人在催眠状态时，脑部活动模式的确与日常清醒状态下的不同，负责动作和心理感知的区域会变得格外活跃。此外，临床催眠师的催眠暗示的确能帮助一些人缓解疼痛。但是，今天学界不再认为催眠是一种独特的恍惚状态，取而代之的是另一项同样古怪的发现：权威人物的命令同样可以轻易改变人的心理状态。

20世纪90年代的研究表明，这种方法对大部分人都有效，区别只在程度的深浅上。如果有人告诉你，你的眼皮正在变得越来越沉，那么几乎所有人都会觉得自己昏昏欲睡。但是，催眠本身可能并不会影响人们服从古怪命令的意愿。在20世纪50年代一项令人不安的室内试验中，研究者要求两组受试者做出各种不道德的行为，例如把号称是酸的液体泼到其他人脸上。其中一组受试者接受过催眠暗示，另一组没有接受过催眠暗示。接受过催眠的受试者照办了，但没有接受催眠的对照组也做出了同样的举动。事后接受询问的时候，对照组受试者表示，他们觉得这一行为是安全的，因为上面有权威人士对此负责。

最容易进入催眠状态的是那些相信催眠术、相信自己会被催眠的人，以及想象力丰富、能够身临其境地进入幻想世界（例如书或电影）的人。

“意识就是脑部活动的产物。”

——认知科学家 马尔温·明斯基

面部表情表达的含义在所有文化中都是通用的。

喜欢探究自身、想象另一种不同状态的人才有可能被催眠，而我们大多数人或多或少都有这样的能力。比如，闭上眼睛站直身体保持不动，同时另一个人不停地告诉你，你的身体正在前后摇摆——在这种情况下，你会发现自己身不由己地想跟着他说的做。

从部分催眠师的极端言语中我们看到了催眠真正的局限。如果告诉被催眠的人，“你回到了少年时代”，那他们就会做出孩子气的举动，但根据儿童心理学家的观察，他们的行为实际上和真正的儿童大相径庭。就连弗洛伊德也承认，催眠并不能真正找回病人的童年记忆、帮助他们治疗创伤。但是，这种方法的确让我们看到了想象力和社会影响的巨大作用。

社会化的脑

20世纪针对脑和行为的大部分研究都把脑视作独立的生物结构，由古老的遗传密码构建而成。尽管这些研究结果非常迷人，但

“6……5……我们越来越深入，
你的身体变得越来越沉重，
每呼吸一次，
你就变得更加放松。4……”

20世纪50年代的催眠实验表明，人的意识非常容易受到外界的影响，人们甚至会服从看似不合理的指示。

“行为似乎总是跟在感觉后面，但实际上，**行为和感觉是同时进行的。**”

——心理学家 威廉·詹姆斯

却并未触及与生活和文化息息相关的社交互动和情感互动。20世纪90年代，学界扩大了研究范围，在研究脑活动和行为的关系时，不再局限于个人，而是扩展到了社会性反应和情感性反应的层面，将神经学引入到社会学研究的领域，结果带来了许多新的发现。比如，脑部有专门的区域负责识别脸部表情，感知物理疼痛和感知社交上被排斥的痛苦的是同一片脑区，孤独是会遗传的，等等。他们还发现，社会环境能改变人的生理。孩子的神经系统会受到抚育方式的影响，环境和教育可以重塑神经元、重建受损的脑部。脑的可塑性很强，内部和外部的因素都会影响它。

»我认识你吗?

识别人脸是最基础的社会性响应之一。对普通人和脑部受伤者的研究表明，一般的物体识别行为是一项需要高度分工的复杂的脑功能。当你看到一件物体——比如你家的狗——来自眼睛的视觉信号会飞速传入颞叶，然后被分类处理。它有生命吗?它是什么颜色的?它是大是小，是动是静?它会发出什么声音?它与什么情感有关?这套联想与分类网络迅速得出结论：这是我的狗，它名叫查理。

然而面部识别自成体系，完全独立于对其他物体的识别。有的人识别人脸有严重困难，哪怕对认识很久的人也是如此，他们分不清谁是谁——这种病症被称为“脸盲症”。

有的脸盲症是来自遗传，有的则是因为颞叶特定区域受损而导致的。神经学家奥利弗·萨克斯在《错把妻子当帽子》一书中描述过一个著名的物盲症案例，而作者本人也是一个脸盲症患者。萨克斯在一篇随笔中描写了自己的某次经历：面对一位熟识的治疗

这是我的狗，
它名叫查理。

脸盲症患者有时候连自己爱的人都认不出来。

师，他却认不出来。“如果在完全不相干的环境中见到某人，我会格外迷糊，哪怕我们五分钟前才刚见过面。”他写道，“有一天早上，我刚刚在心理医生那里做完咨询。当时我每周见他两次，已经持续了好几年。离开他的办公室几分钟后，我在那幢大楼的大厅里遇见一个很绅士的男人跟我打招呼。我很疑惑，这个陌生人为什么会认识我？直到门房叫出了他的名字——他就是我的心理医生。”萨克斯甚至连自己的脸都不太认识。“有时候我会猛地发现自己险些撞上一个大块头、满脸络腮胡子的男人，于是我赶紧道歉，结果却发现，那其实是镜子里的自己。”

前额叶皮层是脑的“首席执行官”。

但是，脸盲症不会影响对动物的辨别——患有这种疾病的农民能够轻松认出自家的每一头羊。而且一般来说，脸盲症只影响视觉识别，并不会阻碍情感上的亲近，哪怕患者自己并未意识到这种情感。在一项研究中，实验者向脸盲症患者分别出示了家人和名人的照片，然后在第二次出示时要求患者说出他们的名字。当然，患者无法认出任何一个人来，但贴在受试者皮肤上的电极记录的信号表明，他们的身体会对熟悉的脸庞做出反应。脑部的某个区域认出了这些人脸，哪怕患者自己并不知道。

从波士顿到北京，无论在哪里，人们的脑在本质上总是相同的。

正如萨克斯的实验所揭示的，脸盲症患者或许会被误认为是粗鲁的、害羞的或者社交无能。如果你发现自己很难把人的名字和脸对上号，或者认不出刚刚在聚会上结识的某人，那也不必过于苛责自己，或许你和很多人一样，患有轻微的脸盲症。但是，程度更深的认知损伤则可能会出现幻觉或引起严重的脑功能失调问题。在这种情况下，情感识别和视觉识别同样重要。如果负责情感联系的脑区受损，再加上其他缺陷，患者可能会做出古怪的行为和举动。卡普格拉综合征就是此类

问题引起的，这个病的症状是法国心理学家卡普格拉首次提出的。患者会坚称自己熟识的某人已经被冒名者取代。患者能认出这个人的脸，但他们坚定地认为那只是经过精心伪装的陌生人，无论别人怎么讲道理他们都无法改变这一看法。研究者在精神分裂症患者和阿尔茨海默症患者中都曾观察到这种症状。卡普格拉综合征有时会导致暴力行为，曾经有一名男子因此杀死了自己的父亲，他深信父亲已经被劫持了，现在的父亲只是一个机器人。

卡普格拉综合征的反面是弗雷戈利综合征。这种症状是由右脑受损引起的，患者会产生过度的认知反应，把陌生人当成熟人，认为那只不过是熟人的伪装。弗雷戈利综合征患者通常会偏执地认为这些熟人正在跟踪、窥视自己并不断变换伪装。（这种症状的名字来自意大利演员莱奥波尔多·弗雷戈利，他因有在舞台上快速变装的技巧而闻名。）

聚焦

行尸走肉

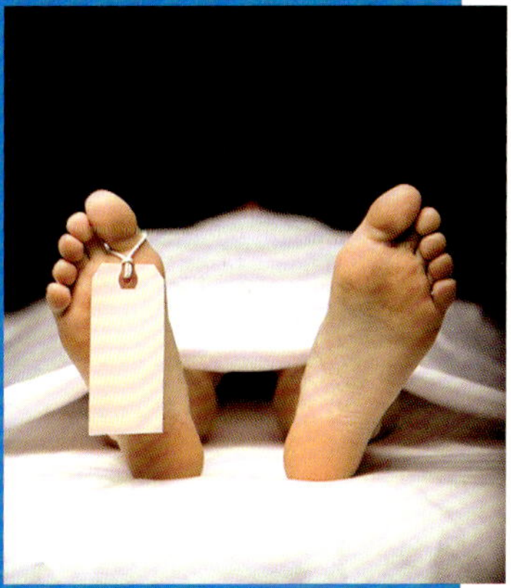

不认识熟人固然麻烦，不认识自己更是一场灾难。科塔德综合征是一种罕见的症状，不同于卡普格拉综合征或弗雷戈利综合征，患这种病的人会认为自己或者自己的某些身体部位已经死了，所以他们经常忘记吃饭、洗漱，可能还会坚决要求别人埋葬自己。2008年，研究者记录了一位患者的症状，“L太太抱怨说自己已经死了，她觉得自己闻起来像块腐肉，希望我们把她送进太平间，好让她安安稳稳地跟死尸待在一起。”

这种症状与许多缺陷有关，包括双向情感障碍、精神分裂和精神病性抑郁症。它也可能出现在脑部损伤之后。一名苏格兰男子就在摩托车事故后坚信自己已经在医院里死于败血症了，母亲的灵魂陪他在地狱里游览了一圈。而事实上，他的母亲只是带他去过南非而已。

科塔德综合征非常罕见，而且与众多心理障碍问题有关，研究者尚未找到它的确切根源。不过脑部扫描表明，部分患者负责脸部识别和情感识别的神经回路受到了损伤。科塔德综合征告诉我们，人脸识别能力的缺失同样会影响对自我的认知，进而带来可怕的后果。

识别人脸，并在此基础上识别对应的情感、判断他人的情绪和性格，这是人类社交互动的基础。认知心理学主要研究的就是这个过程中脑部处理信息的方式，社会心理学家研究的则是影响此类互动的偏见、态度和文化背景。这两个领域的科学家都在越来越多地利用脑部绘图的方法来追踪人们在社交互动时激活的神经通路。

»观察脑部活动

要监控脑部活动，可以利用可靠的读心机器——脑电图仪。脑是个电化学器官，每

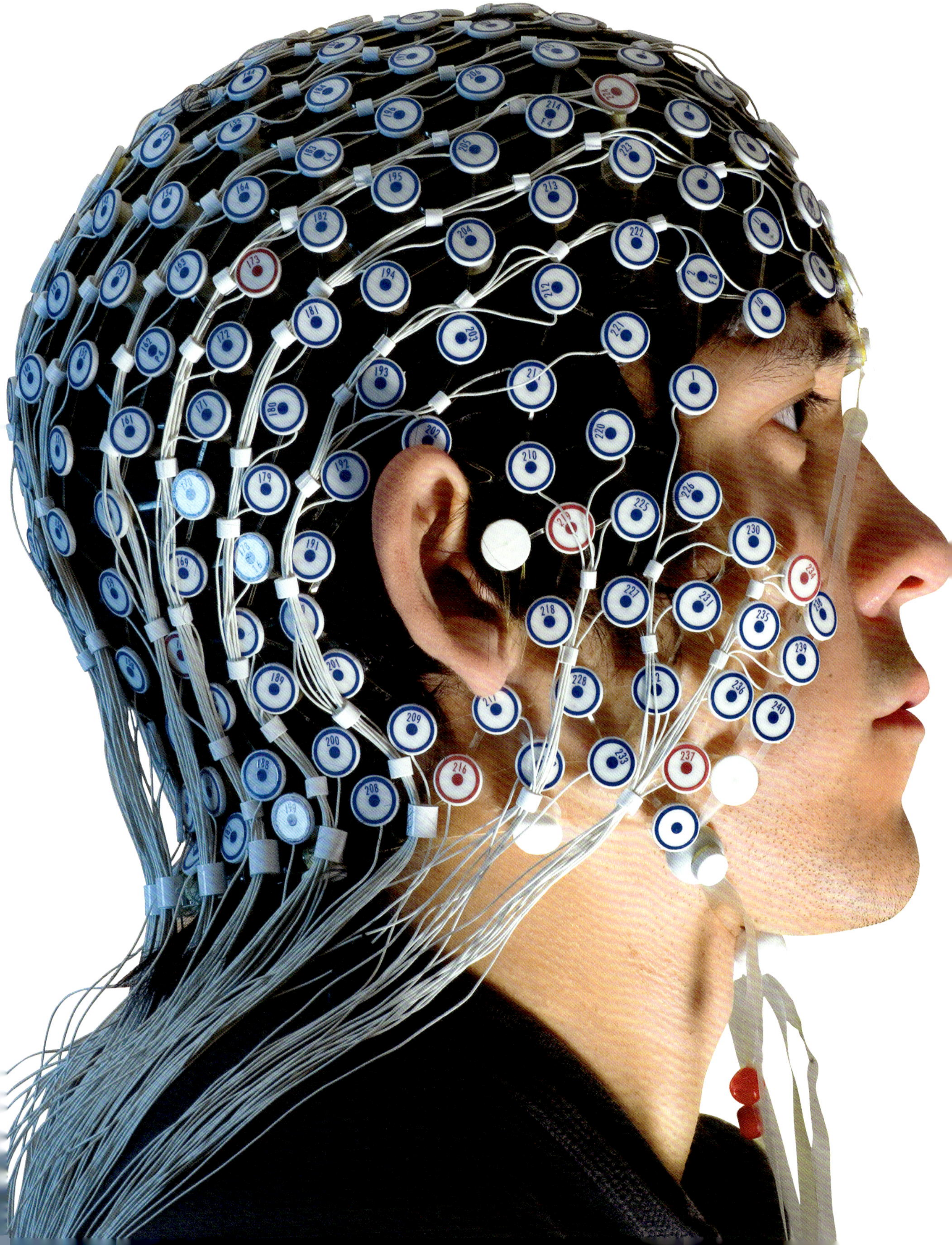

“把你希望得到的感觉表演出来，你就会真的如愿以偿。”

——作家 格雷琴·鲁宾

一刻你的脑子里都有无数电波在纵横交错、传递信息。医生可以把电极贴在受试者的头皮上，借此追踪正常脑波模式的变化，甚至可以深入到脑里的某块小区域。

脑电图可以绘制脑波，却无法输出脑部的实时情况。不过，计算机断层扫描（CT）、磁共振成像（MRI）和PET扫描都可以完成实时监控，而且PET和功能性MRI甚至能捕捉到即时的精神活动。进行PET扫描之前，医生先将放射性葡萄糖注入患者体内，然后跟踪记录这些葡萄糖如何被脑消耗。（葡萄糖的放射性很低，对人体没有危害。）活跃的脑区会消耗更多葡萄糖，所以仪器几乎能够实时跟踪脑活动，绘出被激活的脑区。

功能性磁共振成像仪（fMRI）能够绘出比PET扫描更详细的脑部新陈代谢图像。MRI是“磁共振成像”的缩写，这种技术可以记录脑细胞在磁场中释放的信号。fMRI能够识别出血流量更大的脑区，精确度可达到1毫米左右，血流量越大，意味着该区域越活跃。利用fMRI技术，研究者可以找到负责特定功能的脑区，例如前面所说的负责面部识别的脑区。在第一章里，我们介绍过利用fMRI绘制植物人患者脑部活动图的案例。这类扫描通过追踪血流量间接记录脑活动，而不是直接监控神经元之间的通信。无论如何，它们开辟了一块重要的研究领域，让我们得以探究思想、情感、行为与脑之间的联系。

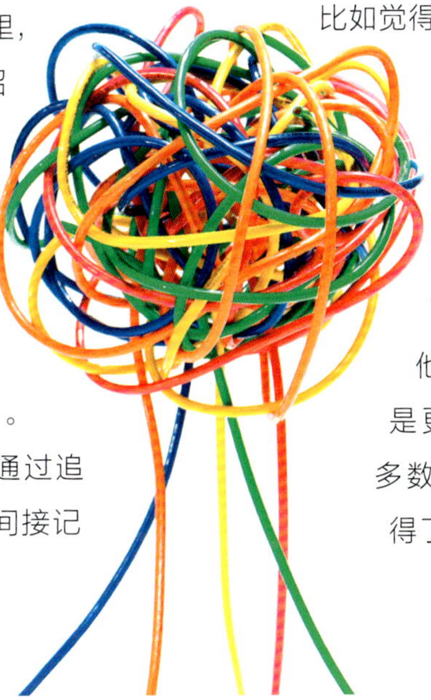

》观察自己

利用这些神经成像仪器，科学家得以一窥我们在自省及社交时的脑部活动。对人脸和情感的识别是我们融入社会、与他人建立关系的基础。同样重要的还有我们的自我认知，比如觉得自己是强是弱，自控力如何，与特定团体的关系怎样，等等。

还有和自我认知同样基本的东西。你觉得自己和其他人比起来是更好还是更坏？研究表明，大多数人认为自己好得不得了。如果要求受试者

电极越多，绘制的脑电图就越完整。

问问自己

我在哪个位置?

或许你从未说出来，但你心里十分清楚自己在人群中的位置：性格如何，心理是否足够强大。试试这个简单的测验，按照下面列出的各种特征给自己打分，你认为有多少人和你的水平差不多？换句话说，如果你觉得自己的友善度属于大众水平，那么就在后面填“50%”。

- **幽默**
- **情商**
- **情绪稳定**
- **驱动力**
- **友善**
- **诚实**
- **可信**
- **同理心**
- **逻辑推理能力**
- **发现别人撒谎的能力**

你有几种特质优于半数以上的人群？如果你给自己的评分总是高于平均值，别担心——大家都是这么想的。

用正面和负面形容词准确地描述自己，得到的结果通常是正面词语压倒性地多于负面词语。乌比刚湖（这是一个虚构的小镇，镇上的孩子都特别可爱）综合征患者总是认为自己优于其他人。此外，人们还普遍相信，自己身上的优点都是辛苦得来的，而缺点背后总有这样那样的借口。正如研究者马克·艾利斯克所说：“优点归于自己，缺点归于命运。”虽然准确的自我评估能让你的生活变得更加顺利，但大多数人更希望保持自尊和乐观的期待，对准确性反而没有太高要求。

神经成像研究找到了对应自我评估的特定脑区，这片忙碌的区域被称为前额叶皮层（PFC）。它位于额叶处，负责处理一些最高级的与自我有关的处理过程——自我评估、决策、复杂思维、解决问题、道德和同理心。前额叶皮层是脑的“首席执行官”，它接收到的信息既有来自外部感官的，也有来自身体内部的，例如记忆和情感联系。前额叶皮层负责调节你的行为，一旦这个部位受到损伤，那么你的自控力和社交技巧就可能会遭到严重破坏。

人在自省的时候，前额叶皮层会活跃起来。事实上，自省会激活两个脑区，其中一个在PFC内部，另一个则在PFC旁边。内侧前额叶皮层（MPC）负责处理实际的自省素材，即你对自己的想法；而腹侧前扣带皮层（ACC）位于PFC后方并与它相连，这个区域负责处理相关的情感性内容。因此，当你想到“我是一个强大的人”时，MPC会对这个想法进行理解和分析，而随之产生的情绪——可能是骄傲——则来自ACC。

有的研究还发现，这种情绪性自我认知和抑郁有关。抑郁症患者可能会出现ACC活跃度减退的问题，这说明他们虽然能理解自我评价的想法（如“我是一个强大的人”），却无法领会相应的情绪性含义。那些对常规心理疗法效果不明显的抑郁症患者，医生可以通过深层脑部刺激向患者的ACC区域施加电脉冲，或许有助于改善抑郁症状。

我们愿意相信，别人总会看到我们最好的一面。

自我调节

你下定决心通过节食来控制体重。然而，当饥肠辘辘的你打开冰箱，看到最后一片苹

我们知道哪个脑区负责自我控制——但在需要的时候，却不一定能成功激活它。

果派时，还是十分想吃。在饥饿的刺激下，你仿佛尝到了它甜蜜的味道——最后你还是硬着心肠关掉冰箱走开了。

为何你能抵御这样强烈的甚至几乎是本能的冲动？那是自控力在起作用。自控力让你能够推迟满足感，控制食欲和冲动，坚持不懈地向着既定目标前进。这是一种重要且来之不易的性格特质，对于成功至关重要。与此同时，自控力的失效也同样重要。家庭暴力、药物滥用、暴食等社会顽疾都源于自控力的失效。

神经影像研究表明，前额叶皮层尤其是前扣带皮层的活动与诸多负责自控的心理过程相关，包括决策、从多个可能的选项中挑选适当的响应行为、监控自我表现、处理冲突、识别错误、评估奖惩、感知社交痛苦等。ACC功能失调与众多心理障碍有关，例如强迫症（OCD）、自闭症、精神分裂症和图雷特氏综合征（无法控制地抽搐、发出噪声或者说胡话）。

自我控制的对象不光是行

为，也包括想法。比如，OCD患者最痛苦的就是无法控制自己的想法。创伤后应激障碍、注意力缺失多动障碍（ADHD）和抑郁等心理问题的标志性症状也包括不请自来、令人困扰、无法忽略的想法。我们试图抑制某个想法的时候，激活的脑区和试图抑制行为时一模一样。比如，一项研究要求受试者挑一个对自己有意义的特定想法（比如“远方的女友打来电话”），然后把受试者分为三组，第一组需要抑制这个想法，第二组需要清空脑子里的所有想法，第三组则什么都不做，任由思绪游荡。通过fMRI扫描，研究者发现，当受试者试图压抑某个特定想法时，脑部的ACC区域被激活了。而对于试图清空所有想法的第二组来说，脑子里被激活的区域星星点点，其中包括ACC。

情感控制似乎也与前额叶皮层有关。

当我们思考自己或他人的情感状况时，当我们观看悲伤的电影或恐怖的图片时，ACC和其他相关区域都会变得活跃起来，包括负责处理恐惧类情绪的杏仁体。研究者发现，人可以通过重新评估认知来有意识地改变自己的情绪性反应。比如，你在看一张可怕的图片时，第一次或许会吓一跳，但如果再次观看，早有准备的你就会将原先的情绪剥离。在这个过程中，ACC的控制中心会变得更加活跃，而杏仁体则遭到抑制，恐惧也随之消退。

很多心理障碍都伴有无法调节情绪的症状，包括抑

“我不是因为高兴而唱歌，而是因为唱歌而高兴。”

——心理学家 威廉·詹姆斯

郁、焦虑、侵略性暴力行为。医生希望，认知重评之类的脑科学研究成果和技术能让我们更好地解决这些严重的问题。我们可以简单地通过脑子里的念头来改变脑部的化学过程，这个令人震惊的事实对心理学界来说意味重大。

»团体内外

正如我们已经看到的，对他人的认知牢牢扎根在脑部深处。特别在人类历史早期，辨别敌友是至关重要的生存技能。我们的脑投入了相当可观的资源来理解自己与他人的关系：我周围这些人是谁？他们和我有关系吗？看到他们我是应该担心还是应该高兴？

见到另一个人，我们立即会默默地问自己两个问题：第一，“他是朋友还是敌人？”第二，“他的目标是否和我相同？他想要的东西是否和我一样？”

无论你喜不喜欢，这样的思维过程会让你迅速从心理层面划分出“我们”和“他们”，同时可能伴有是否加入团体的快速判断和非理性的偏见，这或许是人类天性中不可避免的一部分。把人分为社会性团体，这让我们得以简化周围的世界，套用对特定团体的既有认知来理解新认识的人。我们本能地把人划分为“我们”

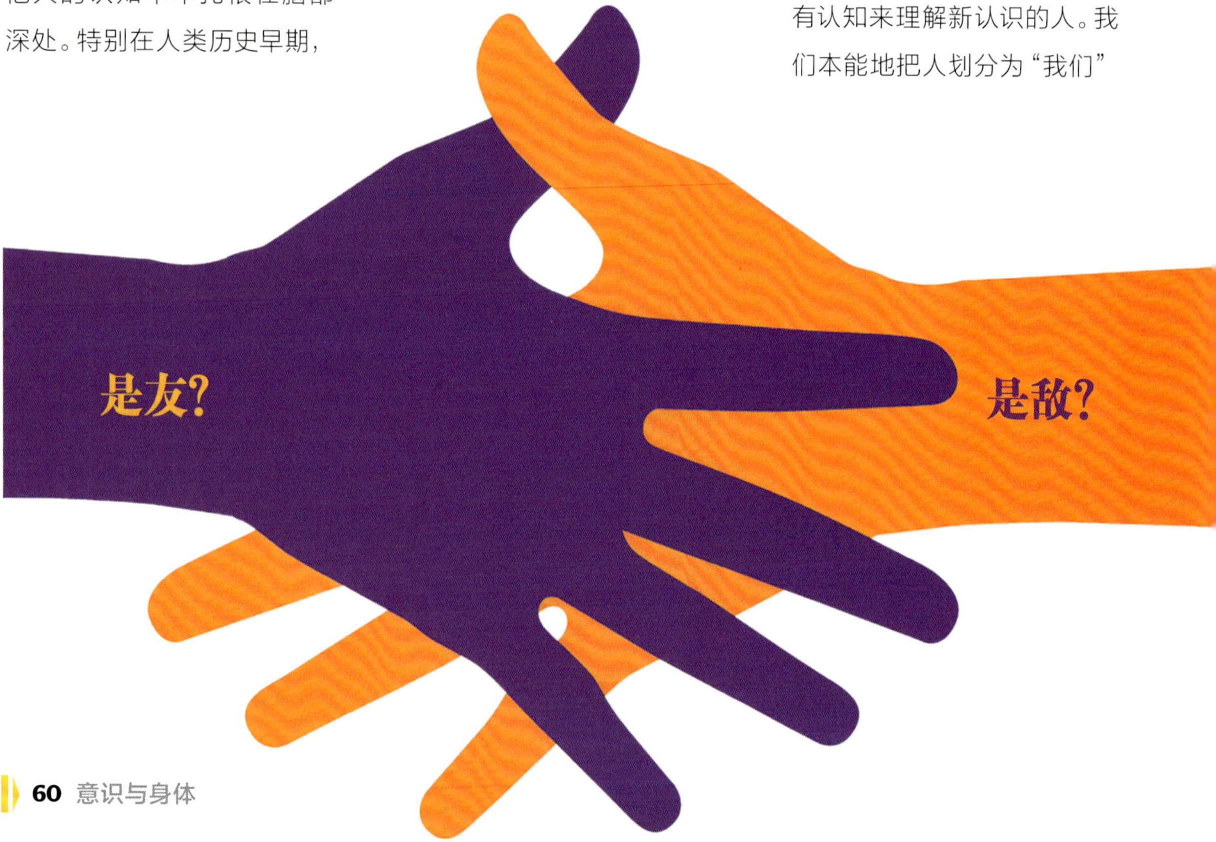

人类的意识通常会把社交世界划分为“我们”和“他们”。

和“他们”。研究表明，这样的团体认同真的会改变脑部的物理连接。因此，我们的脑总是偏爱自己人，同时排斥圈外人。如果你发现自己正在依据第一印象来评判他人，那么你应该知道，这样的行为有着古老的根源——不过与此同时，你可以有意识地对它提高警惕，进而加以克服。

说到偏见和歧视，最先出现在脑子里的是那些显而易见的东西：基于肤色的种族偏见，以及与特定服饰有关的宗教歧视。但是，“我们”和“他们”的分界线还有更深的层次。此外，这样的界限可以在瞬间形成。把人分成几组，这样简单的行为就足以激发划分界限的反应。

研究者在英国的学生中做了一项实验。他们把一些男孩召集起来，布置了一个毫无意义的任务：让受试者估计一下屏幕上有多少个点，然后根据回答的数字简单地把男孩分成两组。最后，研究者要求受试者给每一个人打分，包括自己这组的和另一个组的。你得到的分数越高，能拿到的钱就越多。结果发现，孩子们显然更喜欢自己这组的成员，他们总会多给“自己人”很多很多分数。

党同伐异的倾向深深嵌在我们的脑子里吗？有的研

究支持了这个观点。“我们”和“他们”的分界线几乎出现在任何情况下、任何社会环境中，而且不一定与种族、外貌相关。比如，一项研究随机地将白人受试者分配到各种族混合的小组中，并让他们快速认识一下自己小组的成员，然后向他们出示“自己人”和其他人的照片，同时对受试者进行fMRI扫描。看到新认识的“自己人”照片时，受试者的杏仁体变得更加活跃，换句话说，他们产生了更加强烈的情绪性反应。这种神经处理层面的“自己人偏见”在分组后数分钟内就会出现。

青少年被团体接纳或排斥的体验实际上会反映在脑部的神经活动之中。

爱和其他情绪

暂且不谈转瞬即逝的反感，说到长期爱情的特征和过程，心理学家总是各执一词，几乎无法达成一致。很多人相信，爱会随时间而消失，另一些人则认为，爱会从激情澎湃的吸引力逐渐转化为友情之类的东西。弗洛伊德坚信，任何长期持续的激情都是病态的。但是，永恒之爱的支持者却从神经学研究中找到了一些论据。在一项研究中，科学家征集了一些宣称自己虽然结婚多年，仍然深爱着丈夫的女性，并向她们分别出示了丈夫的照片和其他三个熟悉程度不一的朋友照片。结果发现，只有在看到丈夫的照片时，她们脑部的一系列区域才会被激活，其中包括富含多巴胺的奖励区，这片区域与快感、“喜欢”和初期的爱情有关。同时激活的还有我们已经熟识的ACC，以及与母性有

聚焦

愤怒的陌生人

越来越多的研究表明，辨认同种族的人比辨认其他种族的人更加容易——面对与自己不同的人种时，很多人会觉得“他们看起来都一样”。事实上，心理学家乔舒亚·阿克曼和同事甚至在论文标题里直接引用了这个短语，这篇论文的题目为《我觉得他们看起来都一样（除非他们很生气）》。在这项研究中，科学家向白人学生快速出示了一些人脸照片，其中既有白人也有非裔美国人。如果照片上人的表情很自然，那么结果不出所料：学生对白人面孔的识别准确度远远高于非裔面孔。但是，如果那张脸看起来非常生气，那么两种面孔的识别准确率却到了同一水平上。

这一现象可以从演化角度得到合理的解释。对早期人类来说，分清自己团体和其他团体的成员是有益的，与此同时，读懂自己人表情中蕴含的社会性线索和暗示也非常有用。但是，愤怒的表情会引入新的驱动。愤怒的陌生人显然非常危险，所以要想好好活下去，我们必须记住那张不熟悉的愤怒的脸。

聚焦

为主队助威

在划分敌我这方面，体育是最明显、最直接、最狂热、最具侵略性的领域。体育迷会毫不留情地嘲笑对手的队伍和拥趸者，并在对方遭遇不幸时公然喝彩。这种缺乏同理心的问题和公然的侵略性在脑部也有所体现。科学家征集了一批波士顿红袜队和纽约洋基队的球迷，给他们观看讨厌的对手球队输或者赢的比赛，同时进行fMRI扫描。结果表明，对手输球的时候，负责快感的脑区被激活了，哪怕不是输给自己喜欢的球队。

体育迷的这种幸灾乐祸不仅限于希望对手球队遭殃。一项研究发现，看到对手球队的拥趸者遭受痛苦的电击时，足球迷脑部的“奖赏中心”变得更加活跃。“奖赏中心“越活跃，受试者就越有可能报告说自己渴望伤害敌队的球迷，同时也越不愿意分担对方的痛苦。

关的区域。与那些刚刚陷入爱河的人相比，处于长期关系中的人在看到爱人时，脑部出现反应的区域更加广泛。其他研究还表明，爱人不光会带来快感，还能让你更加冷静，因为负责调节焦虑与痛苦的脑区会在看到爱人时被激活。

很多人有过目睹爱人受苦的不幸经历。神经学研究表明，“感同身受”是一种实实在在的体验。在一项研究中，科学家把电极贴在受试者的脚踝上，然后向他或她出示一组照片，同时让受试者握住陌生人或朋友的手。

那个被握住手的人也在脚踝上贴了电极。某些照片出现的时候，受试者本人可能会受到电击；同时在另一些照片出现时，他的搭档（陌生人或朋友）可能会受到电击。利用功能性磁共振成像（fMRI），研究者比较了受试者在自己遭受威胁（“我要被电了”）、朋友遭受威胁和陌生人遭受威胁时的脑部活跃情况。结果表明，朋友受到威胁时，受试者的自我警觉区域同样会被激活，但在陌生人受威胁时则不会。关系越近，你越容易体会到对方的感受，这可能是人类社会关系最重要的特征之一。简单地说，我和你越亲近，那么在你受到威胁时，我就会越担心。

神经学家仍为爱的本质争论不休。

来自左脑和右脑的情绪

情绪是社交的核心，但情绪到底是什么，它来自哪里，这些问题长期以来一直没有定论。作为现代心理学的奠基人之一，威廉·詹姆斯相信，情绪始于身体，然后被送往脑部。“伤心源于哭泣，”他写道，“愤怒出于打击，而恐惧则来自颤抖。”

但其他人却有不同的意见。20世纪20年代的生理学家沃尔特·布拉德福德·坎农认为，詹姆斯的理论小看了我们的脑。在他看来，面对外来的刺激时，脑和身体会同时做出反应。当愤怒的狗冲着我们吠叫时，威胁信号就会传向交感神经系统，令我们心跳加快，同时信号也被送往大脑皮层，让我们提高警觉。

20世纪60年代，认知科学领域陷入了争议。研究脑部信息处理过程的科学家提出了情绪的“双因子理论”，根据这套理论，路遇愤怒吠叫的狗，我们的身体会做出反应（心跳加速），同时脑部对身体的反应进行解读，识别出恐惧信号，然后我们才会意识到恐惧的情绪。

在脑部扫描技术的帮助下，当代的研究者正在试图解决这个“鸡和蛋”（或者说“狗和脑子”）的迷思。当情绪出现时，我们可以观察到脑部的确

情绪来自脑还是身体？意识领域的研究常常陷入类似“先有鸡还是先有蛋”的迷思。

切反应以及反应发生的位置。目前我们得到的证据似乎既符合詹姆斯“身体优先”的理论，也能支持“双因子理论”。给人观看一闪即逝、只有潜意识才能觉察的图像，受试者也会出现情绪反应，哪怕图片的内容根本不曾进入他们的意识层面，这无疑验证了身体优先论。但是，如果给受试者注射有兴奋作用的肾上腺素，并告诉受试者这种药可以激发他们的情感时，这组受试者的情绪反应却远远弱于未被告知药物效果的组别。这是因为他们的大脑认为药物引发的身体反应并不重要，于是他们的情绪也进行了相应的调节。

有的感觉可能会直接从耳朵和眼睛传入丘脑和杏仁体，并立即引发情绪性反应。但是，杏仁体通常会把响应信号传向前额叶皮层，也就是脑部的指挥中心。前额叶皮层再重新评估信息，调节情绪。不同情绪由PFC的不同区域控制，左右半球分工非常明确。在20世纪60年代的实验中，研究者将异戊巴比妥（一种巴比妥类药物）注入受试者的颈内动脉，暂时抑制了某个大脑半球的活动。如果左脑遭到抑制，右脑保持活跃，那么受试者会感到抑郁；如果抑制的是右脑，左脑继续工作，那么他会感到心情愉快。

其他研究也支持了左右脑有别的理论。左侧前额叶皮层受损的患者抑郁的概率更大。通过扫描发现，左侧PFC活跃度高的人可能会更快乐、好奇心更强、更加乐观。而右侧PFC活跃的人更容易出现焦虑和情绪障碍。快感主要由大脑左半球负责。哪怕是刚刚出生两天的婴儿，吃到糖的时候，左侧PFC也会变得更加活跃。美味的甜点也会激活成年人脑子里的同一片区域。

情绪会通过表情和行为流露出来，人类意识对这些

“优点归于自己，缺点归于命运。”

——研究者 马克·艾利斯克

信号非常敏感。面部表情是通用性最强的指征，同一个表情在几乎所有文化中的含义都是一样的。在一项著名的研究中，科学家向来自不同文化背景的受试者出示同一组人脸，所有人都识别出了6种标准情绪——快乐、悲伤、愤怒、恐惧、厌恶和惊讶。后来蔑视、尴尬和羞耻也被加入了这个名单。

我们的表情是自发的，但可以根据社会环境进行调整。一项研究就比较了奥运会上柔道运动员比赛结束时和站在颁奖台上时的表情，结果发现，在比赛结束的瞬间，14位金牌得主里有13位出现了心理学家所说的“迪歇恩微笑”（得名于纪尧姆·迪歇恩医生的名字）。这种真诚的笑容的特点是嘴角上扬、双颊上提。亚军一个也没笑，不过有一些人表现出了悲伤或蔑视。在领奖台上，金牌得主的微笑依然真诚，而银牌得主的微笑就比较复杂了——有的真诚，有的强颜欢笑，还有的是笑中带着悲伤。

从另一方面来说，铜牌得主看起来比亚军开心得多，他们展现的笑容也更真诚一些。显然，与刚刚失去了金牌的人相比，知道自己刚够格站上领奖台的人更加快乐。

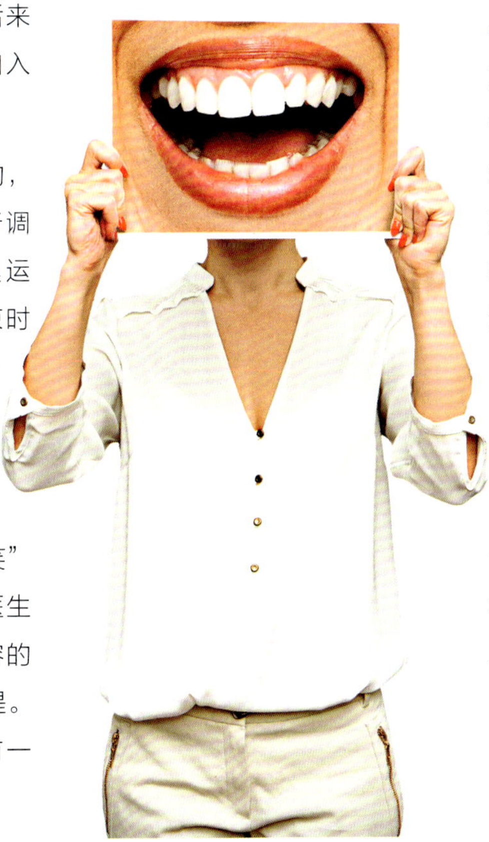

情绪会在表情中流露，反过来表情也同样会影响情绪。威廉·詹姆斯曾说，“伤心源于哭泣”，研究者发现，如果要求受试者做出某个表情——比如双眉紧蹙，或者嘴角上扬——那受试者也会在某种程度上感受到对应的情绪。仅仅是咬着一支笔让嘴唇形成微笑的弧度，就能让卡通人物看起来更加有趣，反过来，皱眉会进一步加强悲伤的情绪。表情对情绪的影响不大，而且很容易被其他情绪来源抵消，但它的确揭示了身体与意识之间复杂的反馈体系。

改变你的意识

从波士顿到北京，无论在哪里，人们的脑在本质上是相同的，语言、记忆、动作、视觉等功能对应的脑区也完全相同。人们曾经认为，脑部数百亿个神经元织成的网络几乎不会受到外界的影响，脑部损伤也是不可逆的。因为和其他细胞不同，受损或被切除的神经细胞不会重新生长出来。但是，今天科学家们已经确认，脑的可塑性相当强——它比我们想象的更加灵活。受到物理损伤的脑可以恢复，至少能够部分恢复；与此同时，你还可以有目的地去塑造它。而我们都知道，塑造脑就等于塑造意识。

在很多案例中，如果患者脑部的某区域受损，作为补偿，另一个脑区会学到新的东西。中风患者通常能够恢复部分能力，这是因为脑部其他区域接替了受损脑区的工作。盲人在学习盲文时，对手指的控制可能会扩展到原来的视觉区。这样的可塑性在儿童的发育阶段尤为明显。有的孩子接受了大脑半球切除术（移除一侧大脑半球），随着残留的大脑半球逐渐接管另一半的任务，患儿会保持或恢复原有的很多脑功能及性格特征。

2014年，中国医生报告了一个奇特的案例，一名24岁

有时候，表情胜于语言。

的女性来到医院，抱怨自己的身体平衡有问题。医生通过脑部扫描发现，她天生就没有小脑，而这个神经密集的重要脑区主要负责协调人的动作。患者称，自己6岁才能含糊不清地说话（小脑掌管着部分语言功能），7岁才学会走路。也就是说，患者剩余的脑花了差不多8年时间才弥补了缺失的小脑功能，让她能够正常生活。

这样生动的脑功能补偿病例非常罕见，但通过体验来影响脑和意识的案例却比比皆是。与常人相比，专业音乐家脑部负责动作控制、听觉处理和视觉空间信息搜集的灰质区更大。一项研究征集了一批每天至少冥想40分钟的人，调查发现，与其他人相比，他们的脑部负责感觉、认知和情绪处理的皮质区更厚。

虽然人类生来就有各自独特的性格和处事方法，但你也可以通过冥想进行有意识的修正。在接受了8周心智觉知训练后，受试者的左脑变得更加活跃，整体的焦虑减轻了。慈爱冥想的参与者脑部与同理心相关的区域也会出现更多的回路。如果你不喜欢自己脑的工作方式，可以采取一些方法对它进行修正和重塑。

»脑和治疗方法

我们可以通过重复的学习和冥想调整自己的脑，也能通过治疗真正改变它。目前，旨在解决情绪和行为问题的认知行为疗法（CBT）已经得到了广泛应用，医生很想知道实施治疗后，患者的脑部是否真的会受到实质性的影响。目前我们得到的答案似乎是肯定的。

比如，压力由大脑皮层管理。在一项研究中，科学家对受试者进行了为期两天的认知行为治疗，包括认知重塑（把无益的思维模式变成有用的想法）、解决问题、自我暗示和渐进式肌肉放松。结果发现，在接下来的压力测试中，受试者明显变得更加冷静。4个月后，治疗的效果依然显著。

恐惧症暴露疗法是CBT的另一种形式，它也会改变脑。这种方法要求恐惧症患

试试看

让你的脸和脑都放松一下

很多冥想技巧都会让你专心想着某组肌肉群，有意识地放松它们，直到整个身体松弛下来。研究表明，脑会对身体承受的压力做出反应，这意味着身体的平静可能会让人得到意识的安宁。

下面这个小练习旨在让你尝试一下这类技巧。在每个步骤之间可以暂停几秒，如果感到任何不适，请立即停止。

»找个安静的地方坐下或躺下。

»深深吸一口气，然后呼气。

»尽量抬高双眉，保持10秒，然后放松。

»紧紧闭上眼睛，保持5秒，然后放松。

»尽量咧开嘴角微笑，保持5秒，然后放松。

»慢慢向后仰头，直到眼睛能望到天花板，保持5秒，然后放松。

者循序渐进地接近自己害怕的东西，每一次会让恐惧物都靠得更近、也更加真实。患者会发现，那个东西的出现并未给自己带来损伤，于是压力性的“战”或“逃”反应也随之消失。医生通过这种方式成功治疗了常见的蜘蛛恐惧症。研究者对一组受试者进行了跟踪，记录下治疗过程中他们的脑部发生了什么。

接受治疗之前，患者一看到蜘蛛，脑部就有一系列区域变得活跃起来，其中包括前额叶皮层。研究者由此得知，患者必须有意识地进行自我调节才能抑制这样的恐惧。而在接受了CBT之后，前额叶皮层的异常活动消失了，通过治疗，患者的恐惧感得到了极大的缓解，不再能影响到脑部。4个星期的心理训练重建了脑内的神经联系。

脑部的大约900亿个神经元构成了复杂的神经网络。

关于我们的脑，以及脑与意识、行为的关系，还有很多未解之谜。但该领域的研究者相当乐观，他们的发现不仅能为我们的知识宝库“添砖加瓦”，还能让心理学家发展出直接针对脑部的疗法，帮助人们摆脱那些带来最多痛苦的想法和行为。

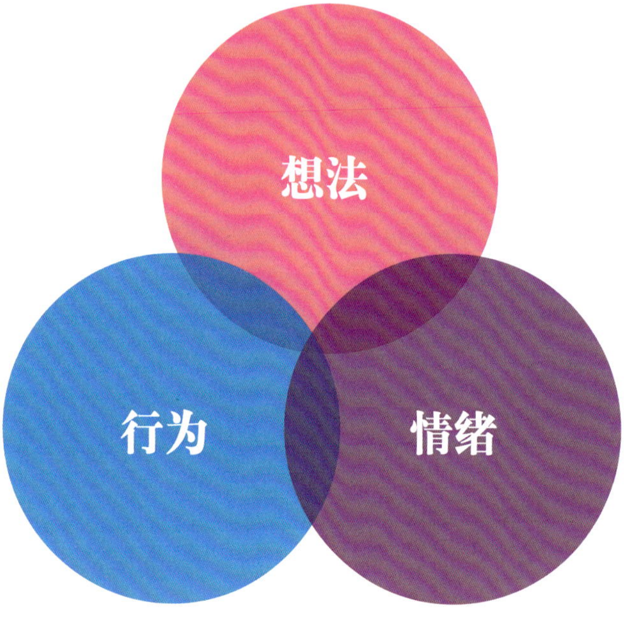

在认知行为疗法中，参与者需要回顾自己的想法、行为和情绪。

》第三章《

意识如何发育

1992年，美国亚利桑那州立大学的心理学家卡伦·温实施了一项独特的实验，参与实验的受试者非常年轻：他们是一群仅有5个月大的婴儿。卡伦让婴儿坐在一块展示区前，展示区里放着一件物品，然后用一扇屏风挡住这件物品。

随后，一名实验者拿着第二件物品出现，并把这件物品放到屏风后面。这时候撤掉屏风，露出展示物品。其中一种展示方式非常自然，屏风后的物品变成了两件；另一种展示方式则出乎意料，屏风后的物品依然只有一件。出现后一种结果时，婴儿凝视展示区的时间更长。如果把实验修改一下，先在展示区放两件物品，然后用屏风遮住，实验者取走一件屏风后的物品再撤掉屏风——在这种情况下，如果剩下的物品还是两个，那么婴儿凝视的时间同样会变长。根据实验结果，研究者只能做出这样的推断：小观众的脑袋在做基本的数学题。1加1应该等于2，2减1应该等于1，要是结果出乎意料，他们就会感到惊讶。

"这表明婴儿懂得实际的数字概念，"卡伦写道，"这意味着人类天生拥有数学能力。"自心理学诞生以来，先天与后天之争就从未停止，这个实验无疑为这场争议增添了新的证据。

一块白板

行为的生理学基础不光体现在脑部扫描和演化学研究中，还体现在每个孩子的发育过程中。整个儿童期，人类的心理发育都是可预测并循序渐进的，最近心理学家还进一步发现，进入成年期后，心理发育仍在继续进行。

不过人们常常意识不到这一点。20世纪的大部分时间里，心理学领域被"白板论"占据，其中行为心理学家尤其推崇这个观点。他们相

许多心理学家和哲学家曾经相信，刚出生的婴儿是一块“白板”，不存在任何与生俱来的性格或能力。

信，人类几乎所有特性都是由环境铸就的。条件反射和习得性反应决定了我们的行为、技巧和命运。

心理学家约翰·B.华生是这套理论最初的支持者之一。作为行为心理学研究的先驱者，华生坚定地相信“白板论”。

“给我一打健全的婴儿，把他们带到我独特的世界中，”他写道，“我可以保证，在其中随机选出一个，我能把他训练成为任何类型的专业人才——医生、律师、大商人，甚至乞丐、小偷，而不需考虑他的天赋、倾向、能力、祖辈的职业与种族。”

1919年至1920年，华生在美国约翰霍普金斯大学担任教授职务，在此期间，他和同事罗莉莎·雷纳在一名11个月大的婴儿艾伯特身上实施了著名的——确切地说是声名狼藉的——艾伯特实验（现在人们一般称之为“小艾伯特实验”）。

“教育就是学过的东西被忘掉之后尚存的东西。”

——心理学家 B.F.斯金纳

华生相信，很多情感性反射是条件性的。“在婴儿期，”他写道，“根据我们的观察，原始的情感反射模式很少，其中包括恐惧、愤怒和爱。”为了证明对某个特定对象的恐惧是可以通过后天习得的，实验者在小艾伯特情绪平静的时候，分别给他看白鼠、兔子、狗、有毛发的面具和其他毛茸茸的物体。然后，他们开始建立艾伯特对白鼠的恐惧。每次给艾伯特看白鼠时，一名实验者就会在婴儿背后敲击金属栏杆制造巨响，让孩子吓一大跳。没过多久，只要看到白鼠，小艾伯特就会感到害怕。很快，小艾伯特的这种恐惧也扩展到其他动物上，比如兔子和狗，甚至动物面具，但他却不怕棉球之类的物品。

今天，这样不人道的实验恐怕不会得到批准，当时的华生进行这项实验的目的是想驳斥弗洛伊德的理论——恐惧源自童年期的性冲突。他写道，“我们必须明白，情绪失调其实来自‘婴儿期和童年早期建立的条件反射和转移反射’。”

» 充满条件反射和习得反射的人生

通过建立条件反射，小艾伯特习得了害怕毛茸茸的动物。自从伊万·巴甫洛夫带着那条滴着口水的狗进入心理学史册以来，条件反射就成了该领域的基本原理之一。华生在小艾伯特身上证明了条件反射的功效，而B.F.斯金纳和众多行为心理学家又将它进一步发扬光大。

从20世纪30年代至20世纪70年代，斯金纳的名字在实验心理学领域熠熠生辉，“操作条件性刺激”是他最著名的理论之一。在经典的条件反射中，动物或人会在两种不同的刺激（例如铃响与食物）之间建立联系。动物原有的、非条件性的反射是自发的、天生的——比如，进食的时候会流口水。但是，如果每次吃到食物之前都会听到铃响，那么过不了多久，动物就

白鼠实验说明了条件反射是如何形成的。

条件反射的基本过程

小艾伯特与白鼠

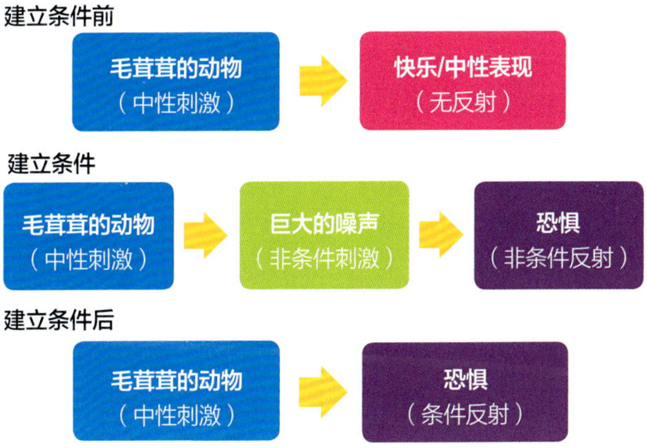

会建立条件反射——每次听到铃响就流口水。

“操作条件性刺激”跨出了习得性行为的关键一步。在这套理论框架下，动物会学习到自己的行为与奖励或惩罚之间的联系。随着时间推移，能获得奖励的行为会增加，而引来惩罚的行为会减少，换句话说，奖励性行为得到了巩固强化。动物学会了操作周围的环境来达成目标。这一理论的经典场景是箱子里的小鼠通过按动杠杆来获得食物。这个箱子的发明者就是斯金纳，现在它通常被称为操作条件性刺激训练室，或者“斯金纳箱”。

斯金纳的实验对象不仅是小鼠，还有其他动物，其中最著名的就是鸽子。利用操作条件性刺激，他教会了一只鸽子啄动琴键弹奏钢琴。二战期间，他甚至研发出了用鸽子导航的导弹系统，不过这套系统从未投入使用。在他看来，所有动物都一样，人类和鸽子并没有多大的区别，所以可以通过同样的方法来巩固人类的行为。斯金纳曾说，将行为归因于“内心深处”或“人类天性”，这是“前科学时代的老旧想法”。“思想即行为，”他说，“意志支配行为？这是错误的认知。”

刚刚出生42分钟的小婴儿就可以模仿面部表情了。

斯金纳的行为心理学方法影响深远。今天，人们仍在利用“操作条件性刺激”来解决很多实际问题，应用场合非常广泛，从学校到监狱都有。针对恐惧症的条件疗法也取得了良好的效果。但是，与其他很多大胆的理论一样，随着时间的推移和研究的深入，人们对斯金纳的许多主张进行了改良，并提出了一些异议。比如，有大量证据表明，的确存在先天固有的行为和动机。迷宫里的小鼠或许能够建立

心理学家B.F.斯金纳为襁褓里的女儿做了个玻璃墙的空气摇篮。

聚焦

B.F.斯金纳

1904年，B.F.斯金纳出生在美国宾夕法尼亚州萨斯奎汉纳的一座小镇上。斯金纳最初的梦想是当一名小说家，但后来他觉得自己对人类行为的了解还不够深，于是转而研究心理学，希望从中获得一些灵感。

在哈佛获得博士学位时，斯金纳已经建立了后来让他闻名遐迩的操作条件性刺激动物训练室。在其他大学待了一段时间以后，斯金纳回到哈佛，并成为那个年代最杰出的心理学家。

四十多岁的时候，斯金纳结合自己最初的梦想和后来的工作，写了一本以行为心理学原理为基础的乌托邦小说《桃源二村》。这部作品中描述的反权威社会现象引发了其他人不少灵感，人们后来以此为基础进行了许多乌托邦实验。

1990年，斯金纳死于白血病，他留下了诸多争议，但同时也大大拓展了我们对动物及人类学习发育过程的许多知识。

对奖励的反射，但就算没有奖励，它们也能找到出口，自发地在脑子里画一张“地图”。

动物的某些行为有生理层面的倾向，包括人类。你可以训练鸽子按照特定顺序啄动琴键来获得食物，因为用嘴啄食物是鸽子的自然行为。但是，任何奖励都无法让鸽子稳定地学会靠拍打翅膀来获得食物。对鸽子来说，这不自然，就是这么简单。

人类的学习和发育有很大一部分来自对环境的反射，在这个前提下，研究婴幼儿的心理学家开始抛开严格的行为主义方法，回归到固有能力与发育阶段的思路上。在这个过程中出现了两位非常重要的思想者，让·皮亚杰和诺姆·乔姆斯基。

发育阶段

瑞士心理学家让·皮亚杰与斯金纳生活在同一时代，但他对儿童心理发育的理解与斯金纳大相径庭。在家人的启发下，皮亚杰开始研究婴幼儿。他认为，每个儿童的心理发育都有其固有的阶段，每个阶段都代表着对环境的全新理解。“孩子是勤奋的思考者，会不断尝试进一步理

解周围的世界。”他写道。按照皮亚杰的理论，儿童的学习受到两种过程的主宰。第一种是同化：用已知的知识来解释新的体验。第二种是顺化：改变、扩展已有的知识，以容纳新信息。

皮亚杰相信，在与世界互动的过程中，所有孩子都会经历4个发育阶段，它们分别是：

- **感知运动阶段**，从出生到2岁左右。婴儿期的孩子对过去和未来没有概念，只能靠纯粹的物理体验与世界建立联系。他通过触摸、观察、品尝和聆听完成学习。在这个阶段，婴儿会表现出对陌生人的焦虑，如果被不认识的人拥抱，他会变得紧张起来。他们还没学习到物体恒存的概念。对大部分小婴儿来说，拨浪鼓被布盖住就等于不存在。但是到了半岁或8个月以后，事情就变了。就算东西被藏了起来，孩子也会记得它原来的位置，于是他会掀起布，找到玩具。

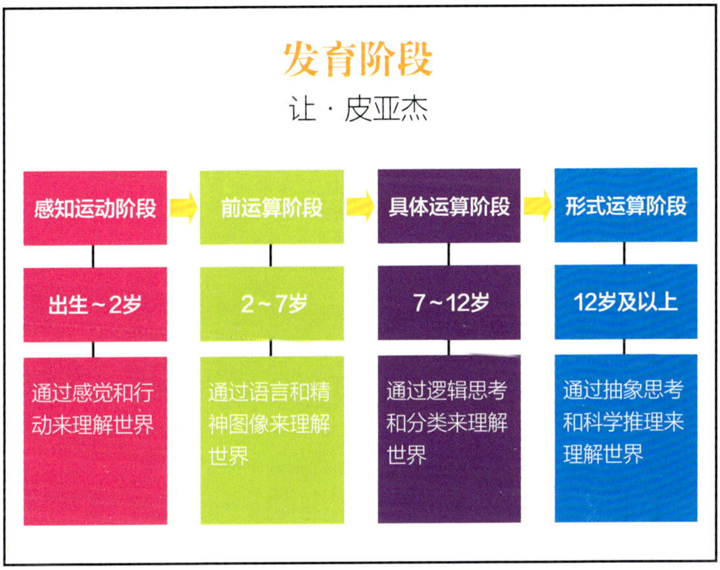

- **前运算阶段**，从2岁到大约6、7岁。这个阶段的孩子开始学会在脑子里运用语言和图像来理解外部世界。这时候他们会表现出天然的自我中心，很少在意别人的想法。他们只能理解浅显的东西，不懂推理。比如，前运算阶段的孩子不理解体积的含义，只会相信高而细的杯子里装的牛奶比矮胖的杯子里装的牛奶多。

- **具体运算阶段**，从6、7岁到12岁。根据皮亚杰的理论，这几年里，孩子开始理解数学概念和符号的意义。真正的抽象推理对他们来说依然困难，但他们已经懂得爱惜东西，学会了分类和整理物品。

- **形式运算阶段**，12岁及以

“孩子是**研究认知发展的最佳对象**。”

——心理学家 让·皮亚杰

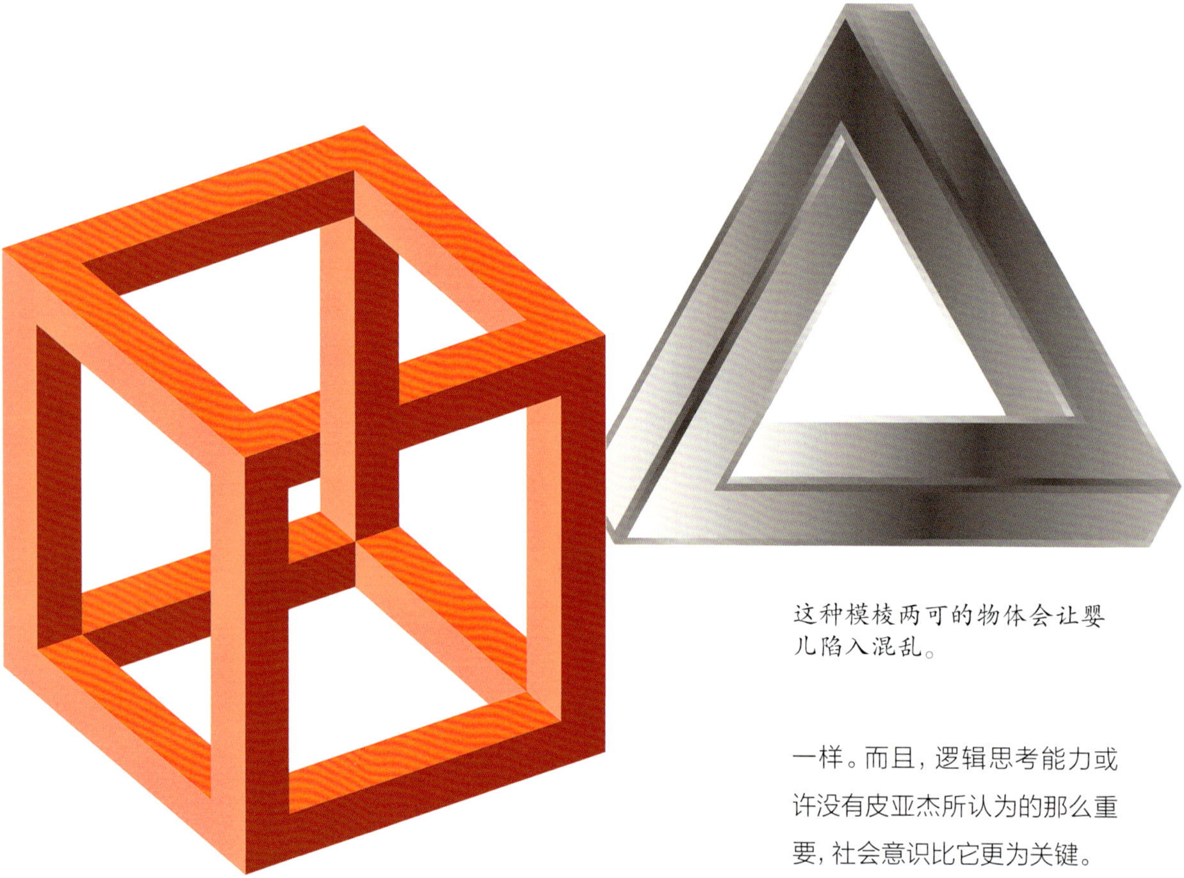

这种模棱两可的物体会让婴儿陷入混乱。

一样。而且，逻辑思考能力或许没有皮亚杰所认为的那么重要，社会意识比它更为关键。

上。抽象思考能力和理解假设的情景是形式运算阶段的标志，意味着孩子开始进入青春期。他们学会了破解谜题和设计实验。

皮亚杰的理论与现实非常契合。在婴幼儿研究领域，由他定义的发育阶段衍生出了无数变体。但是，今天的心理学家相信，发育通常是平稳推进的，每个年龄段的能力并没有明显的差别。不是所有孩子都符合皮亚杰的模式，就像有的婴儿完全没学过爬就会走路

»婴儿知道什么？

对婴儿意识的新研究表明，婴儿知道的或许比皮亚杰认为的更多。当然，婴儿不会说话，所以他们没法把脑子里的想法告诉你。因此，研究者利用“凝视时间”来衡量他们

“无论你有多老、多怪、多野，你都可以打开一本书，读给孩子听。”

——作家兼漫画家 苏斯博士

是有兴趣、感到厌倦还是惊讶。和成人一样，平淡无奇的场景也会让婴儿感到无聊，继而移开视线；出乎意料的景象则会吸引他们的注意力，延长凝视的时间。如本章开头所述，利用这种简单的技术，科学家发现婴儿天生就会数学。与此同时，人们也开始怀疑皮亚杰的另一个观点，即婴儿在半岁左右才开始认识到物体的恒存性。如果刚才还在的某个物体消失了，有时候很小的婴儿也会瞥一下它原来所在的地方。

如果看到“不可能存在”的物品，4个月大的婴儿也会盯着看很久，例如埃舍尔式的立方体，和成人一样，婴儿也会对这些图感到惊讶并试图去理解它。婴儿还拥有早期微妙的情感意识。不到9个月的婴儿就知道快乐的面部表情与快乐的声音是有联系的（如果表情和声音不匹配，他们会表现出惊讶的神情）。

事实上，婴儿拥有与生俱来的能力。他们生下来就会吮吸、抓握、凝视物体——比如哺乳时会看母亲的脸。他们还能分辨人类与非人类的脸或声音。如果母亲的脸、声音或气味在附近出现，哪怕是刚出生的婴儿也会转过头去寻找。如果看到别人吐舌头，刚出生42分钟的宝宝就会模仿了。

有一点越来越清晰：社会意识是儿童发育的重要组成部分。该领域一些最引人入胜的研究正在探索这套“意识论”。在皮亚杰所定义的前运算阶段中期，也就是学龄前，儿童开始理解每个人都有自己的想法，会以不同的角度看待事物。这样的领悟通常发生在3岁半到4岁半之间。在此之前，孩子认为自己知道就等于大家都知道。比如，给他看一个标签上画着蜡笔的盒子，但打开盒子发现里面装的是铅笔时，他会感到惊讶。然后，问问他，如果另一个孩子没看到盒子内部，那么那个孩子会认为盒子里装着什么？他会回答说，“铅笔”。他无法理解，其他人可能想的跟他不一样。

自闭症儿童在这类实验里经常会遇到麻烦。因为无法

试试看

球去哪儿了？

你周围有三四岁的小朋友吗？这个经典实验会让你看到他或她如何理解别人的意识。你需要：

» 2个洋娃娃或人偶

» 2个颜色不同的盒子

» 1个球

当着小朋友的面，让第一个洋娃娃（萨利）把球藏进第一个盒子，然后萨利离开。接下来，第二个洋娃娃（安妮）把球从第一个盒子里拿出来，藏到第二个盒子里。萨利重新登场。问问小朋友，“萨利会去哪儿找球？”

如果小朋友无法推想别人的意识，那么他会回答说，萨利会去第二个盒子里找球——因为他自己知道球在那里。如果小朋友对意识的理解更加成熟，那么他会回答说，萨利会去第一个盒子里找球。他们明白萨利有自己的意识和观点，与他人截然不同。

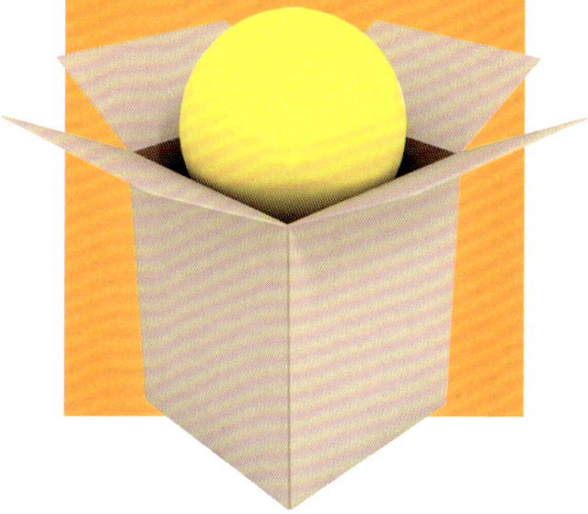

揣测他人的精神状态，这是自闭类心理障碍的特征之一。自闭症患者很难理解面部表情，也缺乏对他人的同理心，这可能有生理学方面的原因。

通过研究自闭症患者的脑部功能，科学家发现，他们的部分脑区之间的通信受到了损害，通常情况下，在我们试图理解他人观点的时候，这些脑区会被激活。这个发现表明，作为基础的社交技巧，同理心以硬件形式内嵌在我们的脑子里，通常会在4岁时表现出来。同时这还意味着，各种精神能力在我们的脑子里是以独立模块的形式发育的。自闭症患儿或许无法识别他人的面部表情，但却可能拥有正常乃至优秀的数学或科学天赋。

»依恋

儿童的情感发育也是循序渐进有规律可循的，不过发育的阶段很大程度上取决于父母的养育风格。我们已经发现，新生儿会被母亲的声音和气味吸引，婴儿总是对周围的人表现出兴趣，包括亲近的人的表情、情感和行动。

在第一年里，婴儿会越来越依恋父母，到13个月左右时达到巅峰。在这个年龄，宝宝会拒绝陌生人的臂膀，几周前他们可能很乐意接受某些人的拥抱，但现在面对同一个人，他们却可能会挣扎着想逃离。

对触摸和身体安抚的需求深植在婴儿的心智之中。早在20世纪50年代，美国威斯康星大学的心理学家哈里·哈洛就通过出色的实验演示了这一点。他把小猴子和人造的猴子“妈妈”放在一起，小猴子由两个“妈妈玩偶”养大——其中一个是冰冷的铁丝圆柱体，但是里面有奶瓶；另一个则是柔软的布偶，但没有奶瓶——结果表明，小猴子明显更喜欢布偶妈妈。它们会紧紧依偎着布偶，需要喝奶的时候也不肯离开，只是会奋力去够铁丝柱子里的奶瓶。

和人类婴儿一样，对小猴子来说，柔软的妈妈提供了安全感，它们虽然会离开母亲去探索周围的世界，但最后总会回到“母亲”身边寻找安抚。

因为只有假妈妈的陪伴，与真正由母亲养育的对照组相比，不幸的小猴子变得缺乏安全感、容易受惊。人类儿童同样会受到养育方式的影响。如果照顾孩子的成人非常敏感，能够注意到孩子的需求并不断给予响应，那么一般来说，孩子长大后就更有安全感、更成功、更独立。不过，就算婴儿阶段缺乏母爱，但只要及早介入，孩子仍能恢复得很

对父母的依恋和对分离的恐惧在幼儿期早期达到巅峰。

好。来自问题家庭的儿童如果能在大约16个月龄之前被收养，那么他们也会恢复过来。

»语言发育

所有父母都知道，幼儿的语言发育速度快得令人惊讶。每个孩子学习语言都是从乱涂乱画开始的吗？这个疑问由来已久，同时也是理解生理如何影响发育的关键。

人类对这个问题的好奇心延续了几千年。希腊历史学家希罗多德告诉我们，为了弄清人类语言的源头，埃及法老普萨美提克一世把两个婴儿交给牧羊人抚养，并要求他在抚养婴儿时不能说话。据称，孩子会说的第一个词是“bekos”，在埃及语里，这是“面包”的意思。普萨美提克由此认为，埃及语一定是世界上的第一种语言。

我们大概可以确定，埃及语绝不是什么起源语言（或者说元语言），但现在我们知道，语言能力的确是与生俱来的、普遍的人类特质。4个月的婴儿就能把语言与嘴唇的运动联系起来；到10个月时，他们已经开始含混不清地模仿父母的语言了。从1岁到3岁，幼儿的语言发育开始出现爆炸式增长，会从一个词变成复杂的句子。7岁以前的孩子都是语言天才，他们不断吸收新的词语和语言，不费吹灰之力就能学会。7岁以后，语言的发育速度开始减慢。学习第二语言变得更加困难，从移民家庭里我们很容易观察到，父母学习新语言时常常是磕磕绊绊的，还带有口音，但孩子却说得很流利。

行为学家坚信一切学习都来自环境，但语言发展的研究者却观察到了一些与之相悖的现象。语言学家诺姆·乔姆斯基就是最激烈的反对者之一。1959年，乔姆斯基为B.F.斯金纳的著作《言语行

聚焦

野孩子

在某些罕见的情况下，人们会发现一些在成长过程中几乎不接触人类的孩子——比如传说中的狼孩。这些悲伤的案例令语言学者着迷，这为他们提供了一个绝佳的机会，来研究在缺乏外部影响条件下的孩子，其语言发育是如何进行的。可确认的野孩子案例十分少，不过吉妮的悲伤案例可以算一个近似品。1970年，人们在洛杉矶发现了这个与世隔绝的女孩。从幼儿期开始，残忍的父母就一直把她关在一个房间里。到13岁时，她还不会说话，甚至无法站直。在社工的照顾下，她的健康状况和社交能力都有所好转。语言学家对她产生了极大的兴趣，他们研究了好几年，试图弄清吉妮能否像幼儿那样学会复杂的语法。

结果，她没有。虽然吉妮慢慢学会了一些简单的表述，比如“想要更多汤”，但她的语言能力一直没能超过两岁半的儿童。吉妮的故事或许意味着，语言的发育的确有其关键阶段。

学习手语的儿童为语言发展研究者提供了有价值的案例。

为》写了一篇评论，文中他指出，孩子能够理解并构造出自己从未听过的复杂句子，且符合他们并未学到过的语法。“所有普通儿童都能以惊人的速度学会相当复杂的语法，这一事实表明，从某个角度来说，人类拥有这方面的天赋。”他写道。聋哑儿童学习手语是这个论点的天然例证。比如，一个名叫西蒙的男孩彻底丧失了听力，他的父母曾经学过手语，但水平不高，相当粗糙。虽然西蒙只看过父母的手语，但他自己的手语却十分优美并且符合语法，而且能完美遵循他父母并不知道的细微规则。“复杂语言是具有通用性的，”史蒂芬·平克写道，“因为一代代的孩子们总在不断地重新发明它。”

“教育不是把水桶装满，而更像是把火苗点燃。”

——诗人 威廉·巴特勒·叶芝

»青春期

7岁孩子的语言能力已经相当成熟。皮亚杰的发育阶段只分到12岁以上，但在那之后，生理和心理的发育仍在不断进行。青春期就是个伴有大量情感发育和社交进展的阶段。

青少年的抽象推理能力更加强大，靠着这样的能力，他们发现周围的世界有许多谬误和不公。他们开始审视自己的身份和角色：我和家人相处得如何？和同学或者和朋友的关系又如何？我的特殊之处是什么？和别人有什么共同点？这个时期，同辈的影响力增强，父母逐渐退居幕后。不过，大部分青少年依然深深依恋父母，但可能不愿意表现出来。一项针对10个国家数千名青少年的调查表明，大部分受调查者表示，他们喜欢自己的父母亲。大部分青少年会继承父母的宗教信仰和政治观点。父母们应该记住：如果青春期孩子离经叛道的想法让你感到担忧，请耐心等待几年。他们最终不会走得离你太远。

随着年龄的增长，我们对朋友和社交生活都变得更加挑剔。

青少年开始审视自己的身份，不过他们会在父母面前隐藏自我。

最让成人感到挫败的是，青少年常常做出冒险的行为和冲动的决策。这可以归咎于他们的脑。人脑的发育会一直持续到20岁出头，在青春期，曾经建立了大量神经连接的区域会被清理，未被充分使用的神经连接被清除，让脑部变得更有效率。与此同时，边缘系统里的情绪中心比主宰合理决策的额叶成熟得要早。所以在青春期的最后几年，死亡率和犯罪率直线上升。大脑里的理性中心要到25岁左右才会彻底发育成熟。年轻人富有激情，却不善于自我管理。

成年期发育

你内心的发育不会在25岁时戛然而止。虽然心理学家主要关注儿童期的剧烈变化，但现在他们逐渐意识到，成人也会经历可预测的生命阶段。以什么样的态度和方式来走过这些阶段，会影响你一生的幸福。

研究人的一生非常困难。从理论上说，这个项目需要持续75年以上。不过，美国哈佛大学的研究者们在乔治·瓦利恩特的带领下启动了开创性的哈佛成人发育研究项目（又叫“大研究”）。他们跟踪研究了268位学生（均为男性）的人生轨迹，这些受试者都曾在1939~1944年期间就读于美国哈佛大学。瓦利恩特和同事们搜集了受试者的大量信息，包括体检数据、心理测试数据以及生活史。他们的跟踪研究一直持续到今天。

考虑到受试者本身的起点就很高，所以不出所料，他们中的大部分人获得了人生的成功。大部分受试者的身份处于保密状态，但我们已经知道的是，其中有一位畅销书作家，还有一位内阁成员。不过

儿童期的结束并不意味着发育的终止，人的一生都会不断成长。

随着生命的流逝，其他受试者的苦难仍在继续。和普通人一样，很多受试者深受心理疾病之苦，酗酒也是常见的问题。

在这项研究中，瓦利恩特最大的收获并不是人如何避免误入歧途，而是怎样度过健康幸福的一生。他把成年期的发育分为五个阶段：

- **亲密期：** 有能力与他人建立相互依赖、彼此扶持的关系
- **职业稳固期：** 专注于一份职业，从中获得报酬、满足感并得以发挥才能
- **繁衍期：** 认为自己能够承担起照顾他人成长和发育的责任
- **保护或照顾期：** 做着富有爱心的工作，自愿奉献，或者为下一代积累文化财富
- **完整期：** 在处境艰难时仍然拥有回顾过去、展望未来的能力

成功经历这些阶段的人比半途而废者过得更好。截至2011年，31个未能成功度过亲密期的受试者里只有4个还活着；128个到达了繁衍期的受试者里有50个仍在世；而且平均而言，在繁衍期去世的人仍比停留在职业稳固期的多活了8年。此外，停留在职业稳固期的受试者终其一生都不能很好地处理自己的愤怒情绪。

爱是长寿最大的保证。童年时的温暖家庭、成年后的稳固关系与身心健康和财务健康密切相关。“大研究”还认证了其他一些研究的成果：社

达到繁衍期的人老了以后更健康。

会支持赋予人们承担风险的勇气，帮助人们找到意义并与他人建立联系，无论是在工作上还是在生活中。

不过，拥有一个艰难的开始并不意味着与幸福绝缘。虽然经历艰难童年的人更难抵达生命的繁衍期，但是，如果能够克服逆境找到人生意义，那么随着年龄的增长，他们的人生会变得更加顺遂。在大研究中，代号为“卡米列医生”的受试者就是其中的代表。卡米列来自一个冰冷的家庭，他在美国哈佛大学就读时就是个问题学生，经常出入学校医务室。校医曾写道，“这孩子的神经性精神病正在成为常态”。毕业后，卡米列曾试图自杀。但是，随着时间流逝，卡米列变得越来越稳定，他成了医生，随后结婚生子。虽然生命中仍有过动荡挣扎的艰难时刻，但后来卡米列说，救死扶伤的体验和抚养新生命的责任是他走向幸福生活的转折点。

“我来自一个不健全的家庭，”卡米列说，“但我的职业从未让我失望，更确切地说，它给了我极大的满足感。在职业的影响下，我慢慢变成一个快乐、温情而高效的人。经典童书《绒布小兔》告诉我们，人必须与他人建立联系，

“我不是老师，而是唤醒者。”

——诗人 罗伯特·佛洛斯特

才会变得坚强、完整。不过我小时候并没有读过这本书，因为那时它还没这么流行。”

卡米列医生的故事让我们看到了成人发育与福祉研究领域的重要发现：随着年龄的增长，生活态度积极、社会联系密切、人生目标明确的人比其他人的幸福感要高。

»学会判断什么是重要的东西

一生中我们的身份都在不断发展。

可以理解的是，大部分年轻人觉得路还很长。他们有的是时间去实验，去学习新的信息和技巧，尝试新专业，认识新朋友。随着年龄增长，我们的目标和兴趣会逐渐变得狭隘。我们开始挑剔想做的事情和一起做事的人。我们的时间只肯留给有限的几个人和自己认为有意义的事情。人们常常觉得老人的脾气坏，但事实上，年长者变得越来越积极——这样的特质有利于长期的心理和生理健康。

年长的人对积极的图像记得比消极的牢。

比如，研究表明，老人更倾向于记住在情感上意义重大的事件。在一项实验中，研究者要求受试者（包括年轻人和老人）同时记住说话者的性别和传达的信息，结果表明，年轻人更容易记住说话者的性别，而老人对讲话的情绪性内容记得和年轻人一样牢。从整体上说，老人的记忆并没有衰退得很厉害，只是他们记忆内容的优先级变了。

与此相似，年长者也更倾向于记住积极的信息。比起老年人，年轻人更看重消极的东西，并会花费更多的精力去处理它们。随着年龄的增长，局面会发生变化。在一项研究中，实验者给三组受试者分别观看电脑屏幕上积极、中性和消极的图片，三组受试者分别是年轻人、中年人和年长者。结果表明，随着受试者年龄的增长，他们记住的积极图片的比例会上升。如果让受试者在实验中同时接受fMRI扫描，那么就会发现，相对于消极图片，年长者的杏仁体对积极图片的响应更加活跃。

(?) 问问你自己

你的心态是积极的还是消极的?

积极或消极的情感是否主宰着你的生活? 通过这个自我测试，你可以迅速找到答案。

在过去两周里，你的情绪达到了哪个等级? 请用以下词语来形容，并将对应的分数填入空格中。

1. 非常轻微或者完全没有
2. 有一点儿
3. 中等
4. 相当
5. 非常

1. ____高兴	7. ____激动
2. ____暴躁	8. ____悲伤
3. ____苦恼	9. ____内疚
4. ____警惕	10. ____快乐
5. ____强大	11. ____兴致勃勃
6. ____孤独	12. ____担心

把每道题的分数加起来，1、4、5、7、10和11题代表正面分数，2、3、6、8、9和12题代表负面分数，分别把它们相加，哪边得分高，就说明最近你的生活更倾向于哪种情绪。

随着年龄增长，我们对朋友和社交生活都会变得越发挑剔。青少年和年轻人是勇敢的探索者，他们总是试图理解世界的运作原理，别人在想什么，而自己又处于哪个位置。一般而言，他们会逐渐脱离父母，喜欢拥抱新奇的事物和建立新的人际关系。而当建立了家庭以后，中年人更倾向于巩固已有的东西。他们不再追逐泛泛的社交——聚会上的陌生人、新社区带来的刺激等——而希望分配更多时间

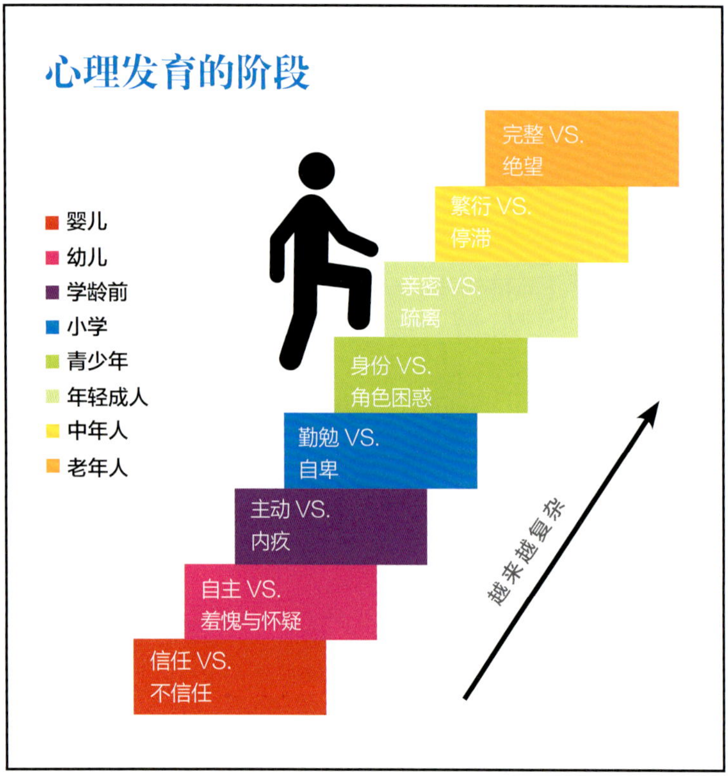

给熟悉的朋友和家人，他们更看重身边人给予的情感支持。

保持积极心态并不是简单地避开悲伤、执拗、糟糕的负面情绪。在世界范围内，我们一次次发现，积极的情绪与健康长寿息息相关。比如，在一个65~99岁年龄段的墨西哥裔美国人社区中，科学家进行了一项为期两年的研究。结果发现，心态积极的人在两年内死亡的概率只有消极者的一半。与此相似，在瑞典的一个老年人社区中，“总体来说，你觉得自己的生活有多幸福？”这个问题的答案与死亡率直接相关——哪怕在排除了健康、自理能力等因素的影响后，我们仍能看到清晰的逻辑关系。

一般而言，积极的情绪会通过以下几种方式影响成年人的健康：

- **它促使人养成更健康的生活习惯。**乐观者更有可能养成并保持健康的习惯，例如保持膳食营养均衡、定期锻炼、保证良好的睡眠。
- **它能够削弱压力激素带来的影响。**面对危险情况，人体会产生自然的“战”或“逃”反应：脑干上方一片名叫下丘脑的区域会刺激肾上腺分泌皮质醇，这种激素会提高血糖水平，抑制消化系统，改变免疫系统的响应。如果你正被一头棕熊追着跑，那么这样的响应堪称完美。但如果你面对的困难来自日常生活，比如某个艰难的任务，那么它就不那么灵光了。如果血液中的皮质醇长期保持在某个水平，就会影响你的整体健康。实验证明，

“我们不是因为变老而放弃玩耍，而是因为放弃玩耍而变老。”

——剧作家 萧伯纳

排除了其他因素（例如年龄、性别或吸烟之类的生活习惯）的影响后，积极的情绪可以降低人体的皮质醇分泌，无论是在工作日还是休息日。

· **它能帮助我们抵御年龄的侵蚀。**随着年龄的增长，疼痛、炎症和普遍的机能退化会接踵而至，但积极的情绪可以抑制这些压力源。生活态度积极的老年人罹患各种疾病的概率都更低，无论是普通感冒还是中风，甚至包括意外事故。哪怕经历了心脏病发作，但只要心态良好，那么他们再次入院的概率也更低。

· **它能帮助你从压力中尽快恢复。**压力事件会让我们的心跳加快，但积极的情绪会帮助心脏恢复正常。在一项针对170位受试者的研究中，科学家要求大家完成一个有压力的任务（准备一次演讲，说明自己为什么是值得交往的

满足感的确有助于为心脏减压，这在老年人身上表现得尤为明显。

好朋友)，然后给受试者看一部电影——这部电影是从4部候选电影里随机挑选的，它们分别会带来满足、愉悦、中性和悲伤的情绪。结果发现，观看满足情绪和愉悦情绪影片的受试者心跳恢复正常的速度比观看中性情绪和悲伤情绪影片的受试者更快。

»成年阶段的福祉

显然，积极的情绪是成年人健康生活的关键所在。不过，广义的幸福需要的不仅是身体的健康。

美国威斯康星州立大学的心理学家卡罗尔·瑞福主要致力于研究如何幸福地老去，他定义了为成年人带来幸福感的6个主要因素：

- **接受自我。**你对自己持有积极的看法，明白并接受自身的方方面面，包括优点和缺点
- **与他人的积极关系。**你与他人建立了满意的、互相信赖的关系，关心他人的幸福，理解互相给予和索取的人际关系
- **自主。**你是独立的，能以某种方式抵抗社会压力，并且能坚持自己的想法和行为
- **掌控环境。**你觉得自己能够控制周围的环境，有效把握机会
- **找到生活的目的。**你有目标，有方向感，你觉得自己过去的和现在的生活是有意义的
- **个人成长。**你相信自己在不断成长，你明白自己的潜力

如果能在成年阶段达到以上状态，那么你一定是个满足的幸运儿。一般来说，对环境的掌控和自主性会随着年龄而增长。青春期和青年

快80岁了？拜托，跟我比你还是个年轻人呢，我下个月就要满120岁了……

与他人能否保持良好关系是影响心理幸福的因素之一。

期总是充满动荡，因为我们需要与父母、老师和上司争夺控制权。进入中年后，我们会得到更多的控制权。从另一个方面来说，个人成长和生命的意义感会随着年龄增长而减退。很多中年人觉得自己已经走到了人生的巅峰期，曾经为生活增添方向感的孩子也离开了家庭。在这个阶段，人们需要积极地寻找新的目标，继续前进。

影响心理幸福的关键因素有两个：养育孩子和身体健康的衰退。孩子会为父母带来意义感和满足感，无论好坏。针对中年人的研究表明，对孩子未来的期许会严重影响人们对自己生活的感知，包括对环境的掌控、对生命意义的理解、对自我的接受度和挫败感，影响的比重最高可达30%。显然，身体健康也是幸福的重要影响因素，不过它的影响方式有些曲折。从某种程度上说，我们觉得自己的身体是否健康，是通过比较而得出的相对值。我们会比较自己与其他相似者的健康状况，如果相信自己比别人强，那么幸福感就会得到提升。

我们为家人而骄傲。

“最重要的是享受生活——快乐一点——这是唯一重要的事情。”

——演员 奥黛丽·赫本

你一生的故事

我们每个人都有独特的生命故事。我们把自己的体验汇集成一个故事，用以解释我是谁，我如何成了现在这样，未来我要成为什么样的人。这赋予了我们一个叙事身份。

研究者已经开始把个人叙事作为传统研究方法的补充，借此进一步探究人格特征和动机。你一生的故事讲述着你如何看待自己、如何在更宏观的社群叙事中寻找自己的位置。

我们每个人的生命故事通常都有共同的主题，包括：

- **路径：** 我们以何种方式改变自己的生活并达成目标
- **交融：** 与他人产生联系——爱、关心和归属感
- **救赎：** 我们克服逆境，达到好的结果
- **弄糟：** 好事出乎意料地变成坏事
- **创造意义：** 从某件事中我们学到了一些东西
- **探索过程：** 对生活的探索和拓展
- **积极的解决方案：** 解决冲突，达到满意的结果

我们每个人都有不断发展的生命故事。

生命故事随时间改变，不光是因为你变得越来越成熟，同样是因为记忆会随时间流逝而变得越发清晰或者彻底消失。回顾过去，我们的观点也会发生改变。让大学生列出生命中最重要的10件事，3年后再列一次，两份答案的重合率只有22%。此外，众所周知，记忆总是不可靠的。哪怕是对“镁光灯事件”（生动而充满情感的事件）的记忆也靠不住。比如，研究者在“911事件”的次日要求学生写下自己对该事件的记忆，然后分别在1周、6周和32周后让他们再描述一次。结果发现，他们的记忆在消退，事件的细节出现了前后矛盾的情况。面对这样重大的事件，人类遗忘和篡改记忆的速度和其他事件并没什么不同。唯一的区别在于：学生对“镁光灯事件”的记忆更为自信。

脑部发育将一直持续到20岁出头。

讲述自己的生命故事时，我们常常以各种转折点、大大小小的关键场景来衔接事件。比如一封来自老师的表扬信，经历父母离婚，进入大学，挺

过一场大病等。事实上，研究者发现，在人们撰写的自传中，描述10~30岁期间的事件远远多于其他年龄段。这种“自传高峰”的出现或许是因为这个阶段充斥着最多影响一生的重大决策和社会关系。作为故事的讲述者，我们天生倾向于把这些时间点连缀起来。我们整合这些重要时刻，将它们汇成连贯的主题和生命阶段。

面对生活中的负面事件，我们的处理方式非常重要。我们总爱寻找倒霉事之间的相似之处，然后归纳出某种解释。处理危机、从中寻找积极意义的能力关系着心理成熟度、耐受力和长期的幸福感。研究者还发现，如果能够抽离自己，以第三人的角度审视过去的问题，那么你能得出更好的解决方案，也就没那么容易沮丧。把事件当成独立角色的故事，显然能帮助我们更好地看清问题，找到解决的办法。

生命故事中重要的不是那些自传性的细节，而是我们赋予事件的意义。我们拼凑自己一生的故事，赋予生命连续的主题和意义。

和所有故事一样，我们的生命故事也是为了被讲述而撰写的。你可以对自己讲述，但把自己的故事告诉别人、得到别人的反馈，会给你带来力量和意义。事件发生后不久，人们就会开始讲述自己记忆中的这件事，此后还会不断重复，在这个过程中，他们会依据听众的期许来裁剪故事。研究者发现，听众的反应对故事讲述者的影响非常大。如果听众心不在焉，那么讲述时间会削减一半，而且故事讲述者会觉得自己说的没什么意义。与此同时，专注的听众（哪怕是敌人）会极大地增强讲述者的自信，让他们认为自己的故事更有意义。

家长们大概不会感觉意外，刚进入青春期的孩子喜欢和家人分享故事，但是稍大一点以后，他们偏爱的听众就变成了同龄的伙伴。如果两个人对同一件事的看法一致，那么讲述者就更有可能一直记得这件事。

试试看

你的故事是什么？

写下自传能让你更加清晰地了解自己的目标、梦想和身份，其结果可能会让你大吃一惊。利用下面的框架，写出自己的故事。不要担心语法或标点符号的问题——只要随心所欲，跟着感觉走就好。

» 如果你想把自己的一生写成一本书，那么它会分为哪些章节？请从此刻的生活开始，此刻的你处于哪个章节之中？这一章会发生什么事情？

» 想想未来。想象你的生活可能会是什么走向。你努力工作，达成目标。

» 尽量详细地写下你经历过的一件有意义的事。请自由地表达你对此事的情感和想法。

你看到了什么主题？你的冲突和压力来自哪里？你在哪里得到成长和满足？

“每个人都需要成为自己的英雄。”

——小说家 约翰·巴思

»文化背景

每个人的生命或许都是独特的，但我们会把自己一生的故事放到文化的背景中看待。正如美国西北大学心理学家丹·麦克亚当斯所说，“故事存活于文化之中。它们的诞生、发展、扩散和消逝都遵循特定社会中流行的规范、规则和传统。”

故事总是遵循我们几乎一出生就熟知的规则。在现代西方文化中，主角由家庭造就，经历模式化的事件，获得影响一生的灵感和体验，然后走向成功或失败。在美国作家马克·吐温的小说《哈克贝利·费恩历险记》中，费恩逃离野蛮的父亲，沿着密西西比河展开冒险旅程，途中结识了各种各样的艺术家和伪君子，最终意识到自己必须听从内心的声音。在英国作家夏洛蒂·勃朗特的小说《简·爱》中，孤儿简·爱尽管童年艰难，但是面对盛气凌人的罗彻斯特先生，她认识到了自己的能力，最后以自己的方式回到罗彻斯特身边。

在讲述自己的生命故事时，西方人也倾向于遵循同样的情节主线。普通人的生命故事通常会沿用经典故事的框架。构思自传时，你很可能会套用经典故事的模式，比如出生在什么样的家庭中，童年的关键经历和转折点是什么，如何克服挫折取得成功等。我们对生命的记忆来自自己希望记住的东西。

由于我们观察自己生命的视角由文化造就，所以来自不同文化的人会以不同的角度看待自己的一生。比如，与东亚人相比，北美的成人对幼年生活的描述更加详细；具有欧洲家庭背景的美国人更倾向于记住某次事件，以及自己在事件中扮演的角色和当时的情绪性反应；中国的成年人则更容易记住社会和历史上发生的重大事件，更重视自身的社交互动。

一项研究比较了荷兰人和日本人的“生命剧本”，结

不同文化背景的人对自己生命故事的高潮点的判断各不相同。

果发现了5个共同的标志性事件：上学、结婚、获得第一份工作、生子以及父母去世。但是，日本人的剧本中还有一些独特的里程碑，包括高中入学考试、重大成就、成年礼、孩子的七-五-三节，以及进入成年期。而荷兰人的剧本里有3个完全不同于日本人的重大事件：离开家、第一次性经验和祖父母去世。

如果我们对生命的视角由主流文化造就，那么少数族群或移民族群是否会有所不同？女性或少数族群是否缺乏生命的标准脚本？有的研究者相信，被压迫族群的生命故事拥有独立于主流文化的独特模板。

我们看待生活的观点受文化期待的影响。

回馈

按照美国第三任总统托马斯·杰斐逊的遗愿，他的墓碑上这样写道：

托马斯·杰斐逊长眠于此
美国独立宣言起草者
弗吉尼亚宗教自由法案撰写者
美国弗吉尼亚州立大学之父

漏掉了什么吗？啊，比如

祖父母的角色在某些文化中显得更加重要。

做过美国总统这件“小事”。杰斐逊的墓志铭上镌刻了他自己最骄傲的成就，独立宣言、自由法案以及他留给世界的那所大学。很少有人能达到杰斐逊的高度，但随着年龄的增长，很多人开始思考，在离开世界之前能向社会回馈什么。瓦利恩特把这个阶段称为“繁衍期”，它是生命之旅中非常重要而健康的组成部分，也影响着成年阶段的幸福感。繁衍欲旺盛的年轻成人和老人更容易从压力、失败和其他生活挫折中重振旗鼓。培育繁衍欲能让你更加顺利地度过老年期。

回馈社会是构成成年人幸福感的重要组成部分。

日常生活中的繁衍有多种形式。从事创意工作是一种繁衍，比如写一本书，创作一件艺术品，谱写一段音乐。通过做义工回馈社区也是繁衍。家庭是繁衍的沃土，无论是帮助孩子写作业、做运动，还是照顾年迈的父母，都属于繁衍的一部分。为人父母者更容易完成繁衍行为，繁衍欲旺盛的人会更多地参与到孩子的生活中，比如参加家长会、参加学校活动等。在更宏大的层面上，繁衍欲可能是通往不朽的坦途。人们希望在死后留下一些有意义的东西，他们期待能够长久地影响自己所在的公司、社区乃至整个世界。

救赎式的自传在内在驱动力强的人身上尤其常见，恢复期的瘾君子、期待改过自新的囚犯也有强烈的救赎冲动。这些人可能会说是某个转折点让自己放弃毒品或酒精，开始重新生活，并帮助别人。经历丧偶之痛的人后来也许会说，自己从这段经历中获得了力量，或者增强了同情心。繁衍欲强的人更可能把这些艰难时刻看作化消极为积极的良机。

救赎感是获得幸福的强大动力——甚至比一生顺遂的人生的动力更加强大。与一直顺利的幸运儿相比，那些曾经力挽狂澜、克服障碍的人自我感觉更加良好。作家贝尔·胡克斯的童年过得很艰难，但她克服困难，最终成为了老师兼活动家，她曾写道："不请自来、毫无必要的苦难或许会伤害我们，但不一定会留下终生的创伤。苦难是生命的烙印，但塑造这枚烙印形状的是我们自己。"

从婴儿到老年，我们所有人都有自己的生命剧本。我们学会说话，学会各种社交技巧，不断走向成熟。我们会犯错误，也会从中吸取教训。从某种程度上说，这样的成长模式是由人类共同的生物学基础决定的，但生物学无法掌控全局。随着年龄的增长，我们可以反思自己成为了怎样的人，构想自己的生命故事并找到其中的意义，明白自己给世界带来了什么影响。

"生命本身就是最精彩的童话。"

——作家 安徒生

>>第二部分

意识与世界

谁也无法孤立地生活，就算是生活在最偏远山顶的隐士也需要与周围的环境互动。我们中的大多数人生活在一个交互性很强的世界里，你参与社交生活的方式决定了你的个性和能力。在下面的三章里，我们将探索在“一对一”的关系和群体关系中，我们的驱动力来自哪里，我们如何推理、如何创造，你会看到一些出人意料的发现。最后你还会学到，为了达到目标，我们该如何提升自控力。

如果没有朋友的支持，我不可能做得到。
我们共同完成了这件事。

》第四章《

社会性动物

被排斥会带来痛苦，并且是真正生理上的痛苦。投球实验就是个很好的例子。这是一个简单的在线虚拟投球游戏，2003年，研究者报告了在这个游戏中观察到的结果。实验者告诉受试者，他们需要和另外两个人在线玩这个游戏。

受试者不知道的是，所谓的“另外两个人”其实只是计算机模拟程序而已。游戏第一轮，所有玩家自由投球。到了第二轮，无论受试者如何努力，“另一位玩家”都不会把球扔给受试者，表现出彻底的排斥。遭到拒绝的受试者感觉很受伤，这里说的“受伤”并不仅仅是个比喻。对受试者的脑部进行扫描后，研究者发现，他们的脑部与真正的生理疼痛相关的区域变得更加活跃。换句话说，被排斥的痛苦和你被锤子砸到大拇指的痛苦是一模一样的。

“没有了朋友，”亚里士多德曾经写道，“谁也不会选择继续活下去，哪怕他拥有其他的一切。”与他人建立关系，是贯穿我们一生的基本需求。婴儿从诞生的那一刻起就依恋着母亲，青少年则会转而向同伴寻求认同和支持。亲密关系是老年人获得幸福的关键，甚至能带来长寿。从本质上说，我们都是社会性动物，与他人的关系深深影响着我们，塑造着我们的自我认同感。对我们来说，“一对一”的关系固然意义重大，不过在此基础之上，你在更大群体中的位置也会影响你的信仰和态度。从更宽泛的意义上说，我们的性格特质、做出的每一个决策、行为的动机甚至智力，都是为了让我们在社交环境中更加自如而存在的。社交需求或许源于生物性的遗传，我们与外部世界的一切互动，都与这种需求有关。

“社会并不是个人的简单相加，而是人与人之间的联系或关系的总和。”

——社会学家 爱米尔·涂尔干

结合与抛弃

对一的结合会极大地满足我们的社交需求。要想真正与某人建立联系，只有通过稳定、持续的亲密关系才可以达到。在这样的关系中，我们可以和密友愉快地互动，不必隐瞒真正的自我。在各种各样的陌生人中间穿梭不能让你获得情感上的满足。我们需要感觉到，有人了解你、在乎你。一旦拥有了这样的亲密关系，你会比其他人更快乐、更健康。

相反地，如果我们被迫脱离亲密关系，比如遭到阻止或拒绝，给我们带来的可能是灾难般的体验。想一想和恋人分手、和家人大吵一架或者被你在乎的人拒之门外的情景。就连孩子也会有类似的经历：最好的朋友要搬走了，或者被同学孤立。在这样的时刻，你的感受只能用“痛苦”来形容。

事实上，有很多词语可以用来描述情感上的分离带来的痛苦：受伤、心碎、被拒绝的刺痛。在投球实验中我们已经看到了这样的结果。被拒绝的确会在脑部引发生理性的疼痛反应。

前扣带皮层（ACC）位于大脑额叶下方，而前岛叶是边缘系统神经处理过程的一部分，这两个区域都与痛苦及情感的信息交流密切相关。事实上，研究表明，痛苦在脑内有两种表现形式：一是表达痛苦所在位置的感官信息，二是表现痛苦程度的情感信息。与母亲分离会让婴儿产生分离焦虑，在ACC的刺激下，他痛苦地号啕大哭。在某些情况下，外科医生会通过手术切除患者脑部的ACC，此后，患者报告称，他们仍会有痛苦的感觉，但并不觉得难受。被拒绝的投球游戏玩家身体上没有任何疼痛，却因为被排斥而感觉痛苦，和被揍了一拳完全相同。被拒绝感越强，痛苦也就越大。

有的人对被拒绝十分敏感，仅仅是看到表达孤单的画面就会让他们感到痛苦，比如这幅爱德华·霍普的作品。

与其他人相比，有些人对于被拒绝和因此产生的痛苦似乎尤为敏感。对这样的人来说，哪怕只是看到以孤独为主题的画（例如爱德华·霍普的作品），或是看到照片里的人郁郁寡欢的表情，其脑部控制痛苦的情绪中心也会被瞬间点亮。

在社交层面上，回顾过去的损失也可能带来真切的痛苦。人们在观看去世的爱人照片时，ACC区域会更加活跃。但若观看的是陌生人的照片，则不会引发这种反应。与此类似，流产过的女性看到微笑的婴儿照片时，ACC区域也会出现痛苦的反应。

所以，如果情绪性的痛苦和生理性的痛苦是一回事，那么能不能吃 片阿司匹林来止痛？让人惊讶的是，从某种程度上说，答案是肯定的。研究表明，如果让受试者连续三周每天服用止痛片，那么从第9天起，与服用安慰剂的对照组相比，实验组在日常生活中体验到的情绪性痛苦会大幅减轻。若是让投球实验的受试者每天服用止痛片，也会得到相同的结果。

止痛片不仅能减轻身体的疼痛，也能缓解情绪性的痛苦。

在遭到拒绝或排斥时，我们的痛苦程度也会因文化背景

聚焦

回避

社会排斥的威力十分强大，所以千百年来，人们一直利用放逐来惩罚违反规定的社群成员。古雅典就存在放逐制度。如果某位有影响力的公民可能会威胁到城邦的安全和秩序，那么在仲冬的大会上，雅典公民会汇聚一堂，用陶片（ostraka）投票，决定是否驱逐他。

有的宗教团体内部也存在回避行为，其中最著名的是阿米什派和门诺派的部分教堂。受过洗礼的教徒一旦违背诺言就会被逐出社区。除非他们忏悔，否则的话，其他阿米什人不再和他们一起进餐或是做生意。巴厘岛的传统仪式“卡帕瑟康”（kapesekang）则更加激进，微不足道的争执或政治上的不同意见可能招来彻底放逐的惩罚。被放逐者的邻居会假装不认识他；他和他的家人不能进入寺庙，也不能上学、看病，因为谁也不会跟他们说话。哪怕被放逐者去世，放逐仍不会结束，因为他的遗体不能安葬在社区的墓地里。

的不同而有所不同。比如，在土耳其的一项研究中，调查者分别访问了农民和牧民。农民总是自己干活，直接把产品卖给商店；而牧民需要定期跟陌生人单独讨价还价，才能卖掉牲口。

面对亲近者的回避，农民和牧民表现出来的痛苦程度差不多。但对于陌生人的排斥，他们的反应就有区别了。农民平时不需要跟陌生人打交道，对于来自陌生人的冷遇，他们不太会感到困扰；但牧民在做买卖时需要与陌生人进行互动，所以他们对来自陌生人的拒绝反应更大。

所以，如果你感觉心碎，或者被别人的言语深深伤害——不是你太敏感，而是因为你的痛苦是真实存在的。

从现代的视角来看，这显得相当奇怪：社交上的拒绝看似无害，却会引发深层的生理性反应。但如果从演化的角度来看，被拒绝带来的痛苦有其存在的理由。人类的童年期十分漫长，成年以前，你完全依赖父母和照顾者提供食物和保护。对大多数哺乳动物来说，在童年期失去照顾者意味着死亡。而且在早期人类的生活中，成年人也离不开同伴的保护。当时的社会群体规模很小，而且时时面临危险，所以群体成员必须互相扶持，才能找到食物、抚养孩子、赶走掠食者。被团体排斥简直就是灭顶之灾。正如心理学家娜奥米·艾森伯格所写的，“被排斥在社交生活之外会严重威胁生存，有人提出，正是出于这个原因，在人类演化的历程中，确保亲密关系的社交依恋系统才会和生理性的疼痛联系起来，疼痛信号实际上是一种提示，让你重视社群关系。”疏离会带来不愉快的感觉，这促使人们紧抱成团，避开孤单生活蕴藏的种种危险。

渴望融入团体，是人类在演化中形成的本能。

»拒绝的代价（和收益）

拒绝不仅会带来痛苦，还常常会引起另一种情绪：焦虑。如果觉得自己被排斥，很多人会产生紧张和焦虑的感觉，因为他们知道，这个问题会影响自己的生活。这依然可以找到演化方面的原因。不愉快的情绪是一种警告，让你知道自己正面临失去社群支持的危险。为了赶走焦虑感，我们会努力修复社会关系。

就算真正的拒绝尚未发生，批评之类的警示信号也足以引发焦虑。

比如，家人或老板的批评，或者爱人说你容颜不再，这可能都预示着你很快就会被抛弃。我们也许会被批评激怒，或者据理力争，但无论如何，批评总会带来焦虑。回顾往事的时候，尴尬和羞愧的作用也跟这个相似。罪恶感会帮助我们避免在未来的社交中再次犯错，并修复我们与他人的关系。

从某种程度上来说，焦虑、尴尬和羞愧都是无价之宝，因为它们会保护我们，让

被社群排斥会引起焦虑。

试试看

应对拒绝

每个人都有被批评、被拒绝的经历，每个人都讨厌这样的感觉。不过，我们可以找到应对拒绝的正确方式，由此成长为更强大的自己。心理学家托德·B.卡什丹提供了一些有用的策略：

1.观察批评者。他是个创造者还是个毁灭者？刻薄的评论的确令人尴尬，但创造者的批评值得一听，因为他们会提出有价值的改进意见。

2.如果你的工作遭到了拒绝，请抛开创作者的身份，以客观的角度审视你的作品。学会在思想和思想者、感觉和感觉者之间拉开足够的距离。

3.正视那些让你不舒服的批评，并慢慢对自己复述一遍。你要学会以客观的角度去看待批评，把它们当成单纯的字词，并直面因批评而引起的内心感受，但不要让负面情绪控制你的下一步行动。

4.拒绝带来的痛苦可能催人奋进，也可能让人消沉，你得学会区分。问问自己，“今天我能做点儿什么来解决自己的忧虑吗？”如果答案是否定的，请记住这一点，然后去做别的有意义的事情。

5.培养你自己的社交圈。和亲近的人分享自己的弱点和幻想。哪怕世界再残酷，也请你保持善良。

我们远离被排斥的危险。

但是，在更深的层面上，社交焦虑会带来严重的负面影响，它是最常见的心理障碍之一。社交焦虑患者通常很害怕被羞辱、被拒绝，所以他们会尽量避开社交活动。如果必须跟别人互动，他们会尽量让焦点停留在对方身上，不愿意透露自己的想法和感觉，避开争议性的话题，因为他们害怕暴露自己，也害怕遭遇尴尬和拒绝。他们的行为的确能让社交互动变得更加顺畅，但实际上却是拒人于千里之外。为了不让别人产生疏远的感觉，社交焦虑者甚至会自轻自贱，或者贬低自己的成就。他们可能会逃避公开的表扬和正面评价，只是因为害怕激起别人的嫉妒，或者担心别人会由此产生过高的期望，自己以后无法达到。哪怕获得了成功，社交焦虑患者也会试图贬低自己，这样他们就能保住自己在群体中的位置，不至于被排斥。

被拒绝不仅会损害心理健康，也同样会危害身体健康。确切地说，遭到拒绝似乎

遭到拒绝可能会加剧糖尿病和心脏病等疾病的病症。

会让你的身体发炎，持续的炎症又会加剧糖尿病和心脏病等病症。成年人与敌对群体对话时，或是与配偶争吵时，都会出现这种反应。被拒绝带来的伤害在青少年时期可能尤其严重，少年人总是特别重视自己的社会地位和群体关系。一项持续两年半的研究调查了一些容易沮丧的青春期女孩，结果发现，遭到拒绝以后，她们的身体出现炎症迹象的概率最大。这种情况在社交圈里那些地位高的女孩身上表现得尤其明显。（学习吃力、不太受欢迎的女孩处于社交圈的底层，而成绩出众、广受大家喜爱的女孩则高高在上。）

这是为什么呢？研究表

在社交圈里，自视更高的女孩承受着更大的压力。

“有威权的地方就有反抗。”

——作家 奥斯卡·王尔德

明，地位高的人面临社交威胁时出现的压力反应比地位低的人更强。从演化的角度来看，这可能是因为，一旦从社会地位的阶梯上跌落，他们就会失去更多的东西。

从另一方面来说，独立且自负的人在遭到拒绝后可能反而会振作起来。作家斯蒂芬·金在推销他的小说《魔女嘉莉》时遭到了一次次的拒绝，他把退稿信一封封扎在卧室里的一根针上，然后继续努力。尝试了30次之后，他终于卖掉了这本书。研究发现，独立自信的人在经历拒绝后会变得更有创意。在试验中，他们会找到更加出色的词语组合，创造出更富想象力的故事和图画。对这些骄傲的人来说，社交上的拒绝更像是一种认可而非否决，这让他们变得更加斗志昂扬。

架起沟通世界的桥梁

显然，与他人建立联系对我们的生理健康和心理健康都至关重要。那具体应该怎么做呢？

首先，你可以挖掘自己的同理心。与他人建立联系的核心在于辨别对方的情绪，尤其是痛苦的情绪。如果看到一个孩子在操场上被欺负，或者一位朋友踢到脚趾后露出痛苦的表情，大部分人会感同身受地皱一皱眉。我们似乎能真切地体会到他们的感受。事实上，我们真的可以。

很多研究确认了同一个结论：如果熟悉的人正在遭受痛苦，我们的脑也会做出反应，就像遭受痛苦的是你自己一样。比如，台湾的研究者向一组恋爱中的男青年出示了一系列手和脚的图片。某些图片中的肢体动作十分自然，比如正在拉开抽屉；而另一些图片里的肢体动作则显得十分痛苦，例如被抽屉夹了。然后，实验者让受试者分别想象场景中的是陌生人、爱人或是自己。fMRI扫描结果表明，在同样的情景下，想象爱人正在遭受痛苦时，在大脑疼痛网络（我们的老朋友ACC和前岛叶）中引发的反应十分激烈，而想象陌生人时则平静得多。事实上，受试者和对方的关系越近，他们对痛苦就越会感同身受。

能引发移情反应的不仅仅是生理性的痛苦。如果看到别人正在经历社交上的痛苦，比如被拒绝，我们脑子里同样的区域也会活跃起来。还记得投球实验（见本章，第109页）吗？在这个虚拟玩家参与的游戏里，如果让另一组受试者旁观整个过程，并在游戏结束后让他们给那个被排斥的人写一封邮件，那么有同理心的人的脑部疼痛相关区域也会变得活跃起来。

此外，移情反应最强烈的人写下的邮件也充满同情。“亲爱的亚当，”一位观察者写道，“看着你玩投球游戏的时候，我注意到埃里卡和丹尼总是互相抛接，完全把你排除在外。我只想说，这一切真让我难过，我相信背后是有原因的，这完全不是你的错。我觉得你是一个很棒的投球手。”另一位移情反应较弱的观察者则是这样写的：“嗨，安，谢谢你和另外两位参与者共同完成了这个游戏。游戏很有趣，希望你玩得开心！”

这种移情行为是完全无私的吗？从演化的角度来说，不完全是。利他行为会在群体内传播，让所有人受益。我们为别人做事的同时，总是希望有朝一日，别人也能同样对待自己。

»同理心的谱系

像特蕾莎修女这样富有同理心的人总能感受到别人的痛苦。

过度的同理心可能会让人痛苦，但完全没有同理心则会带来危险。说到“心理变态”，你的眼前可能会浮现出一个眼神疯癫、衣着不整、令人毛骨悚然的孤独者，除了憎恨，他缺乏普通人类的情感。传统心理学一直认同这样的观点：从理论上说，心理变态者没有同理心，无法理解他人的感受。

但是，“连环杀手”泰德·邦迪出现了。他犯下的罪行骇人听闻，毫无疑问，在任何人眼里他都是个心理变态的暴力狂。

1989年，泰德·邦迪被

执行死刑。根据他自己的供述，他曾谋杀了30名年轻女性。人们怀疑，这只是他罪行的冰山一角。除了绑架、强奸和殴打受害者以外，他还砍下了12名女性的头颅，保存在自己的公寓里。他曾两次从监狱里逃脱后继续犯罪，直到最后因为驾驶一辆偷来的汽车而被逮捕。

“我完全明白你的感受。”

如果邦迪是个讨厌的家伙，那绝不会有这么多女人上钩。恰恰相反，熟人和幸存下来的受害者都说，他是个聪明、迷人、有魅力的男士。泰德·邦迪外貌英俊，性格亲和，看起来一点儿都不像个冷血的变态，他甚至是一家自杀干预中心的职员。事实上，正是因为他对同理心有着深刻的理解，所以才能诱骗到这么多好心的陌生人。他时常假装胳膊或者腿上打着石膏，请求路过的女性帮他把东西搬到车里，很多受害者就是这样上当的。

心理变态与童年受到的虐待有关。很多施虐者小时候曾经遭到虐待，他们可能因此学会了通过欺凌他人来获得力量或控制感。

但是，这种情况似乎也有生理学基础。研究暴力犯罪的学者发现，施虐者的恐惧反射发育不全，对惩罚的敏感度也很低。现在的心理学家相信，心理变态或许也是同理心发育不完全的一种形式。和疼痛一样，同理心与认知和

“同理心会让你明白，每一场战争都没有真正的赢家。”

——作家 芭芭拉·金索佛

情感都有关系。心理变态者或许能够从理智上理解同理心——他们知道什么是同理心，也明白它起效的机制，却缺乏情感的共鸣。他们就是无法产生这样的情感。这正是变态杀手的特征，他们可以随心所欲地操纵他人，丝毫不会产生心理上的负罪感。毫无疑问，泰德·邦迪就是这样的人。他对自己的罪行毫无愧疚之心。接受警察讯问时，他振振有词地替自己开脱，不断撒谎、吹嘘、翻供，直到临死的那一天也没有改变。

并不是所有的心理变态者都有暴力倾向或犯罪行为。

心理变态者不一定会成为罪犯。2005年，奉公守法的神经学家詹姆斯·法伦通过脑扫描发现，自己的脑部存在心理变态者的典型特征，于是他意识到，自己争强好胜的性格有生理上的基础。有的心理学家宣称，多达4%的公司

“连环杀手”泰德·邦迪很了解同理心，但他自己却缺乏这样的感受。

领导者都是心理变态，他们冷血无情、控制欲强，但却没有暴力倾向。

你最懂我

“我最好的朋友对我的了解比谁都深。”“我男朋友总是很懂我。”如果你觉得某人和你真的非常亲近，那你会相信他对你的理解无人能及。如果你有兴趣接近另一个人，那么你一定希望真正地了解他、领会他所有行为的动机。

理解与同情是社会关系的重要形式，它在亲密关系中有两种表现途径。第一，是了解。人们希望了解别人，也希望被别人了解。就算是在恋爱关系以外的其他关系中，了解也很有价值，它帮助我们弄清他人的动机，以此解释、预测他人的行为。我们得先了解一个人，然后才能判断他是否值得信赖。

理解的另一种形式是及时响应。如果你觉得那个重要的人在乎你、接受你、总是首先考虑你，你会感觉舒适而安心。及时响应是伴侣之间培养安全感、亲密感和信任感的关键所在。你帮助另一半达成目标，那么作为反馈，你自己也能敞开心扉，直面自己的梦想。

要达成互相的理解，最重要的不是了解本身，而是你表现出来的体贴和情感支持。

问问自己

米开朗基罗现象

“你让我成为一个更好的人。”这样真诚的宣言在恋爱关系中显得相当老套。不过和所有的老生常谈一样，它蕴含着基本的真理。亲密的伴侣的确会塑造彼此，在最理想的关系中，人们会帮助彼此朝着最好的自己前进。

心理学家卡里尔·鲁斯布尔特称之为“米开朗基罗现象”。就像米开朗基罗手中未经雕琢的石块一样，她写道，“人类也有理想的形式。”人人都有想要实现的梦想和目标，想要得到的技能和资源。支持你的伴侣会理解爱人的目标，潜移默化地影响爱人，帮助爱人将理想的自己从“大理石”中解放出来。

这样的支持不一定是翻天覆地的大动作。它可能非常简单，比如丈夫鼓励害羞的妻子在晚餐桌上讲一个迷人的故事。不过，它必须反映伴侣真正想要的东西——而不是“雕刻家”喜欢的东西。达到这个境界的伴侣能够更好地应对逆境，而且在面对生活中的挑战时，他们的适应性也更强。

你是否能帮助伴侣达成理想中的自己？问问你自己吧：

- 我知道伴侣理想的自己是什么样的吗？
- 我是否理解他的全部潜力？
- 我的期待和他的潜力是否吻合？
- 我能否帮助他看清自己的目标？
- 我能否帮助他达成这些目标？
- 我是否鼓励他去追求这些目标？

一项研究发现，谈到爱人的性格、食物喜好和行为时，重要的不是你真的有多了解，而是让对方感觉到自己被了解。如果伴侣感觉安心，认为你时时以他为先，那么你是否真的知道他喜欢哪种啤酒就变得不重要了。

“你懂我”的现象不光出现在爱人之间，也同样是亲子关系的坚实基础。如果父母能够及时满足孩子的需求，那么孩子的安全感会变得更强，社交技巧会更成熟，学业上的成就也会更高。

»感激之情

如果拥有一位理解自己并能及时响应你的伴侣，那么你一定会心怀感激。感激之情是两个人建立亲密关系的另一个强大因素。哪怕在亲密关系以外，感恩也能在群体中引发积极的反应，帮助人们在逆境中找到力量。

从实际的角度去看，感激很有用。它是个利益探测器，如果收到礼物，或者从某个特定的给予者手里获得利益，你都会产生感激之情。如果你认为给予者为此付出了很多（无论是金钱、时间还是精力），或者礼物经过精挑细选、对你来说别有意义（陈年格兰威特酒非常适合苏格兰威士忌酒迷，但最好不要送给正在戒酒

“除非你能站到他的立场去看待事物，否则你永远无法真正了解一个人。”

——作家 哈珀·李，《杀死一只知更鸟》

如果父母能够对孩子的需求及时响应，孩子就会茁壮成长。

的人），又或者给予者并不是一定要送出这份礼物……这些因素都会进一步增强感激之情。在这种情况下，我们感激的不光是礼物或利益本身，还因为“给予”这个行为表明了别人对我们的看法：他们在意我们，所以这个世界不算太糟糕。

感激之情之所以有用，还因为它是“给予”带来的另一份礼物，感激会让善意传递下去。我们感谢别人的礼物，感谢对方为此付出的时间、精力和智慧，那么他下次就更有可能再次表现出类似的慷慨，无论是对我们，还是对其他人。感激之情还会促使我们对别人做出善意的举动，回馈社

“感激之情打开了宇宙中……通往力量、智慧和创意的大门。”

——作家 狄巴克·乔布拉

会。在星巴克排队的时候，如果前面的人突然替你付了咖啡钱，那么你也可能会替后面的人付钱。善意会催生善意，我们希望变得和帮助我们的人一样好。感激之情会带来一个繁荣健康的社会。

但是，传递感激之情并非易事。在表达感激之情的时候，我们可能会体验到恐惧、尴尬、悲伤和愤怒。感激之情让我们意识到自己有多脆弱，在生命的浅滩上，我们多么依赖于他人的指引。（男性尤其难以表达感激之情。）有时候，心理治疗师会鼓励来访者给亲近的人写一封感谢信——例如已故的亲人或朋友——然后大声读出来。你可以在死者的墓前朗读，或是其他容易引发情感共鸣的地方。不出所料，此时你会产生一些复杂的情绪，混杂着爱、感恩和悲伤。更有挑战的是让女人给虐待自己的丈夫写一封信（但不必读出来）。虽然困难，但这些信确实疗效显著，通过对过往的梳理和回顾，当事者变得更强大、更独立、更亲近社会。可以理解，感激之情常常埋藏在悲伤和愤怒之中。

»好心办坏事

谅解是一件正面的事情，拥有谅解能力的人身体和精神状态都会更好。他们对生活更加满意，整体的心理困扰也更少，就连血压都比对照组更正常。人际关系在谅解的滋养下会更良好。如果妻子能原谅丈夫做错的事情，那么直到一年后，丈夫仍会称双方的交流比之前变得更加高效。

但是——谅解一定是好事吗？一项研究调查了家庭暴力庇护所里的女性对伴侣的谅解程度。受试者需要回答一些问题，选择自己对描述语句的赞同程度，比如，“我依然怨恨那个人”，或者“虽然我并不喜欢，但我能够接受已经发生的事情”。然后，受试者需要评估自己回到伴侣身边的可能性，涉及的问题包括“我很想念我的伴侣”或“我打算再去见他”。结果表明，女性对施暴伴侣的谅

试试看

感恩日记

表达感激之情，不一定要通过写信这种方式。很多人更喜欢以私人日记的形式写下每天感恩的事情。

这并不困难，而且你也不必每天都写。事实上，可能最好一周写一两次，这样你才不会对感激变得麻木。下面是几条参考意见：

»随时留心。你当然不会对自己没注意到的事情产生感激之情。

»注意小事。你可以感恩早餐桌上的一缕晨光，或是下午茶饼干的美味。

»尽量简短，但不要太短。不要把感恩日记写成流水账，请尽量记下饱含情感的细节。

»把艰难的时刻当成背景记下来。这看起来似乎有些反直觉，可是忆苦之后，才能更好地认识到如今的幸福，并产生由衷的感激之情。

»写下具体的人。研究表明，针对人的感激之情带来的影响比针对事的更加深远。

暴力
谅解
缺乏沟通
善良
负面情绪
乐观

解程度越高，她就越可能回到对方身边。这一结果不受其他因素影响，例如暴力的剧烈程度。事实上，谅解似乎会助长虐待关系中的暴力。在婚姻开始的那几年里，如果你没那么宽容，那么配偶暴力行为出现的频率会直线下降，而宽容的伴侣遭到暴力的概率则一路走高。

和药物一样，适量的谅解是好的，但一旦过量，就可能有毒。个人以及人际关系要健康发展，关键在于随机应变、互相理解，同时有能力凝聚力量，认清困境并克服它。

与谅解类似，善意在某些情况下也可能会让好事变成坏事。一般来说，善意地满足对方的需求通常会提高人际关系的满意度。哪怕互动的对象是陌生人，如果连续十天做出“随机的善举”，那么你对生活的满意度也会有所提高。

从另一方面来说，善意有时候又会阻碍必要的交流。一项为期4年的婚姻研究发现，在家庭内部讨论问题、商量解决方案时，如果妻子经常拒绝或质疑配偶，那么他们的婚姻反而质量更高、关系更稳定。其他研究也支持了这样的想法：批评可能会成为人际关系的救星，它会促使人们去解决严重的问题。不过，如果批评的都是鸡毛蒜皮的小事，那么婚姻就会遭到损害。

善意也不能取代实质性的支持，它只有在时机恰当的时候才能见效。如果你的爱

保持感恩，与人为善，那么人际关系就会健康发展。

在人际关系中，我们需要在谅解和自尊之间找到平衡。

人正在洗一大堆脏盘子，那么再多善意的好话也比不上实实在在地伸出援手。

同样的道理也适用于乐观主义。一般而言，乐观是一种正面情绪。乐观的人更容易获得幸福，人际关系也更稳固。对年轻人来说，乐观能够缓解压力和抑郁。但是，过于乐观可能蒙蔽你的双眼，让你对糟糕的结果和行为视而不见。乐观者更可能沉迷赌博，哪怕输了钱也不会回头。乐观的女性总会为配偶的暴力行为寻找外部原因（他只是工作压力太大），结果面临更高的被虐风险，无论是心理上还是生理上。

人际关系需要善意，也需要诚实地提出质疑。

一般而言，面对严峻的问题时，如果两夫妻总能找到仁慈的借口，那么他们可能解决不了问题，反而是那些直面问题、不怕互相指责的夫妻更有可能解决问题。保持乐观不一定会带来好处。伴随不良行为而来的负面情绪有时候是一种鞭策，可以激励我们改正错误。

我知道你忘不掉，但你应该学会原谅……

群体动力学

我们所有人都生活在群体中，每个小群体又组成更大的群体，这样层层递进，各个社会群体彼此交错，形成复杂的人类关系图。想想你自己属于哪些群体，或许你会惊讶地发现，数目实在不小。你应该是家庭的一员？是学校里某个班的学生，或者办公室里的职员？也许你还加入了读书会、足球队、拥有牌友的固定小圈子？你是否常跟社交媒体上的朋友以及网络上的关注者联系？还有一

我们都生活在群体中，同学就是自然群体的一种形式。

些临时的群体联系？——买票或看电影时，你和其他排队的人也可以算是一个群体。

在库尔特·冯内古特的小说《猫的摇篮》里，故事的讲述者就加入了一个名叫“博克侬教”的组织：“我们博克侬教徒相信人类都是编组成队的。这些队伍都按照上帝的意志活动，可是他们从来也不知道自己是在干些什么。博克侬把每个这样的队称为‘卡拉斯’。”卡拉斯“是没有民族、制度、职业、家庭和阶级界限的”。对博克侬教徒来说，卡拉斯的反面就是“格兰法龙”，即假的组织。在冯内古特的小说里，通用电力公司就是典型的格兰法龙，除此以外，还有“任何地方，任何国家”。

对于研究社会关系的学者来说，“卡拉斯”和“格兰法龙”都是群体的某种形式。两个或两个以上的人通过社会关系结合起来，形成群体。社会心理学家一般把群体分成初级群体和次级群体。初级群体是指由面对面互动所形成的、人际关系比较亲密的、高度团结的长期群体。人们通常是被动加入初级群体的，比如家庭就是最好的例子。家人的密友和爱人可能也会变成初级群体的一部分。在早期人类历史中，只存在初级群体这一种形式。人们生活在小部落里，或者由猎手和采集者组成的小集体中，不受外界社会的影响。但是，随着社会不断发展演化，次级群体开始出现。

次级群体有无数种形式，不过一般来说，与初级群体相比，它们的规模更大、组织更严密，但情感色彩相对淡薄。但是，次级群体是定义个人社会身份和角色的重要影响因素。城市街道上的抗议者，某家公司的所有员工，都是次级群体的一种。研究者霍莉·阿罗和她的同事定义了各种类型的次级群体。

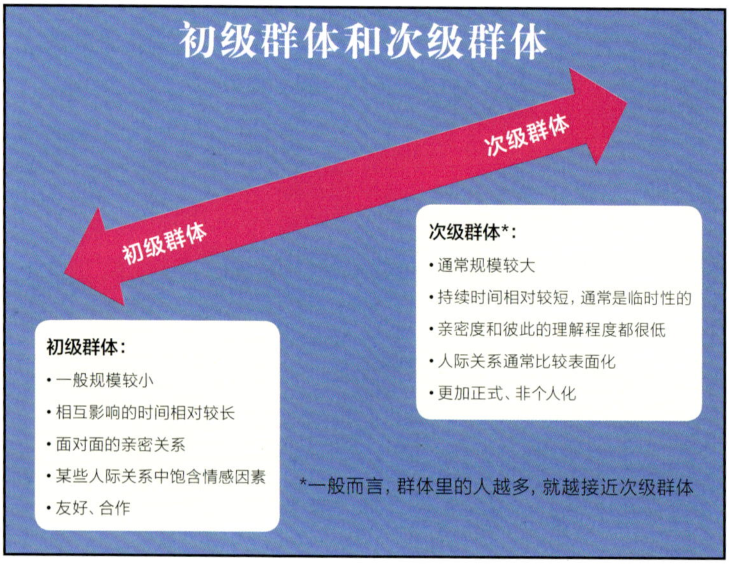

- **装配式群体。**由群体以外的个人或官方牵头组织。例如航班的机组、军队里的小队，都是由群体以外的人下令成立的。

- **创业型群体。**由群体内部的个人发起。探险队、读书会和互联网初创公司通常都属于创业型群体。

- **应急型群体。**针对临时的外部问题而出现的群体。雪天被困在机场的乘客、因暴徒闯入商店而无法离开的客人，都属于应急型群体。

- **自组织群体。**可能也是因环境的影响而出现的，但这类群体的成员会逐渐形成同盟，彼此合作。拥挤的停车场里排队等待离开的司机、聚会上计划打开音乐跳舞的青少年都属于自组织群体，他们会自发地进行微小的社交调整，使得行动越来越协调一致。

次级群体就像生物，它们拥有可预测的生命周期，动态

“个人脆弱无助时，总是难以避开来自社会的攻击。”

——心理学家 B.F.斯金纳

特征也十分明显。美国俄亥俄州的研究者布鲁斯·塔克曼在一项经典的研究中提出了群体发展的五个阶段：

组建期。群体成员向彼此靠近，开始互相依赖，并专注于同一个任务。

激荡期。成员彼此争夺地位，为整个群体的目标产生争执，冲突也随之出现。

规范期。群体凝聚力增强，结构变得清晰，冲突开始淡化。群体成员开诚布公，表达彼此的意见。

执行期。群体合力完成任务。

休整期。任务完成，群体开始解散，成员可能感到悲伤或焦虑。

»社会影响

我们大多数人都愿意认为自己很有主见，可以独立完成思考和行动。但数十年来的研究表明，情况并非如此。作为社会性动物，我们很容易受到群体内其他成员和权威人士的影响，而且程度很深。

在某个群体内部，人们的意见、态度和行为总会形成一波波的风潮。想一想，流行趋势、各种网络爆红现象和政治意见，莫不如此。就连UFO目击事件和癫痫发作都会扎堆出现。文化性的规范也可能发生快速的变化。比如，从2001年到2014年的13年里，美国公众对同性婚姻的支持率从35%上升到了52%，有35个州使得同性婚姻合法化。

人类的耳根子很软。我们会跟随群体的规范来调整自己的想法，而你自己甚至可能完全意识不到这样的变化。很多经典实验证明了这一点。在1936年的一项研究中，研究者要求一组男性受试者

群体的凝聚力增强，进入所谓的规范期。

估计一个光点移动的距离。起初大家给出的数字各有差别，随后人们逐渐改变自己的答案，越来越靠近群体的平均值——哪怕给了机会让他们单独说出自己的判断，但他们的意见仍然不断趋同。即使群体成员发生变化，群体思维的影响也会延续下去，新加入的人会适应已经形成的规范。

同样的效应也出现在1951年所罗门·阿希的一项实验中。受试者被告知，他和同组的其他人将接受一次认知测试，实验者请他们回答，在两张卡片中，右边卡片上的哪一条线和左边卡片上的长度相同。受试者不知道的是，组里的其他成员都是事先安排好的实验助手，他们会坚持说出同一个错误的答案。受试者单独回答问题时，答错的概率还不到百分之一；但如果将受试者和事先安排好的助手编到同一个组里，他们有1/3的概率会受到同伴的影响，报出明显错误的答案。

从众心理出现得很早。在游乐场里，为了和朋友保持一致，孩子会改变自己的行动和偏好。他们会从穿着、谈吐和行为各方面去模仿最受欢迎的孩子。只要有朋友做出示范，哪怕不喜欢西蓝花的孩子

所罗门·阿希实验

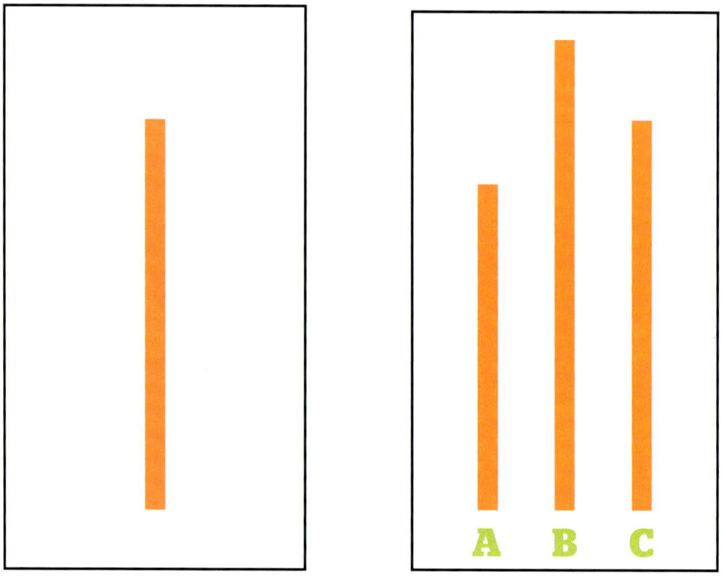

右边卡片上的哪条线和左边的一样长？如果组里其他人都回答“A”，你会作何反应？

也会乖乖把它吃掉。上过高中的人都明白，青少年总爱拉帮结派，运动健将、聪明人和叛逆者各有圈子，泾渭分明。

我们或许会羡慕那些坚持自我、不肯从众的人，但谁也不愿意生活在缺乏规则、社会结构混乱的环境中。大部分人天生愿意服从权威，和群体保持一致。作为群体的一员，我们能得到有价值的信息和安全感。一旦遭到拒绝，我们就要承受痛苦。

从众倾向有利于社会平稳运行，但也可能导致可怕的权力滥用。纳粹大屠杀中的士兵就是个可悲的例子。1941年9月，在几位指挥官的领导下，纳粹士兵和乌克兰警察在乌克兰的娘子谷有组织地用机枪处决了33 771位犹太人，这场大屠杀仅仅花了两天时间。执行任务的士兵和警察不是什么杀人狂魔，用阿道夫·艾希曼的话来说，他们只是"听从命令"的普通德国人和乌克兰人而已。

不过，有的人会挑战权威，置生死于度外。娘子谷大屠杀过去两年后，"白玫瑰"反抗组织成员索菲·朔尔在慕尼黑的一处阳台上散发传

在大的群体中，你很难坚持特立独行。

单，鼓励人们反抗纳粹。不久后，她就被盖世太保送上了断头台。纳尔逊·曼德拉和圣雄甘地这样的传奇领袖则是通过和平抗议来引导重大变革的。

群体思维是一种强大的力量。它可能体现在组织中，例如德国军队；也可能以暴力的形式爆发，例如洛杉矶警方截停超速的罗德尼·金以后，在群情激愤下对他进行了殴打。后来法庭判处当事警察无

"你无法选择自己的亲人，但上帝给了你朋友作为补偿。"

——作家 韦恩·戴尔

罪，结果引发了一场暴动。当然，群体思维不一定会被滥用，但它的确造就了容易被利用的思维定式。阿希从众实验之类的研究发现，某些条件会加强人们的从众心理，包括群体的规模（三个人或更多）、全体无异议（除了你，其他所有人的意见都一样）、被监视（大家都在看着你）和不安全感（你觉得自己能力不足，尤其是与群体中的其他人相比）。

»邪教

对归属感的渴望、对被拒绝的恐惧以及对权威人士的服从，这三者结合起来，最容易出现的极端形式就是邪教崇拜。

邪教在全世界的宗教组织中占据了相对较小却不可忽视的一部分比例。在美国，邪教信徒大约有250万人。大部分邪教团体都很小，不到100人，一点都不起眼。辛西娅·马修斯和卡门·萨拉扎对邪教进行了研究并访问他们的信徒，由此总结出一些标准，可以用来区分邪教与一般

聚焦

权威与服从

20世纪最著名的心理学实验可能是斯坦利·米尔格拉姆的服从性研究，时至今日，该实验暗示的结论仍让人深感沮丧。阿道夫·艾希曼在审判中宣称，犯下罪行的纳粹士兵“只是服从命令”。为了回应他的辩解，米尔格拉姆于1961年启动了权力服从研究。整个研究总共实施了20次试验，每一次的条件都略有区别，但基本过程如下：米尔格拉姆将受试者带到他在美国耶鲁大学的实验室，并告诉受试者，他们正在研究惩罚对学习的影响。所有受试者都被分配了“老师”的角色，并被告知充当“学生”的也是同样的受试者，但实际上，“学生”都是实验助手。老师和学生分别待在相邻的两个房间里，学生的身上被接上电极。实验者告诉老师，一旦学生在单词测验中犯错，你就应该电击他，而且每一次的电压会逐渐升高。老师可以看见标签上写着的电压数值，从15伏（轻微）到450伏（严重且危险）。实际上，这些电极根本不起作用，但助手扮演的学生会假装自己非常痛苦。

实验过程中，学生会故意多次犯错。随着老师逐步增加电击的电压，学生会开始咕哝，然后疼得大叫起来。电压高到一定程度时，他们甚至会痛苦地哭喊：“放我出去！”如果老师拒绝继续电击，穿白大褂的权威人士就命令他继续执行，他们会说“请继续”，或者“你别无选择，只能继续下去”。

结果表明，哪怕学生尖叫不止，仍有63%的老师会继续电击，直到电压达到最高值。这个结果让米尔格拉姆感到震惊，但是之后的许多年里，其他试验反复验证了他的结果。这项研究发现，在一些特定条件下，人们最容易服从指令：

- 权威人士就在身边，他穿着白大褂，看起来会负责。
- 实验发生的环境看起来很正式。
- 如果学生在另一个房间里，或者隔得很远，老师会更容易做出惩罚。

从另一方面来说，在某些条件下，老师实施电击的概率会大幅降低：

- 老师必须亲手抓着学生的手，将它送到电极板上。
- 看到其他参与者拒绝服从命令。

在这些情况下，服从率会降低到10%。

的宗教。这些标准包括：

- **父权制和性别角色。** 大部分（但不是全部）邪教由男性支配，并保持传统的父权制结构。女性被告知要服从男性权威，不听话就会遭到惩罚。

- **单人决策。** 邪教团体的所有事务都由领袖一个人决定。马修斯引用了一位前邪教信徒的说法，“所有决策都来自领袖——如果你不接受他的领导，或是不遵从他的决策，你就会产生负罪感和羞愧感，同时遭到疏离。”

- **服从权威。** 邪教成员必须毫无疑问地服从领袖的决策。

- **隔离。** 隔离外界影响是邪教领袖控制信徒的一种策略。在很多邪教组织里，信徒只能在家学习，而且只能内部通婚。在他们眼里，外部影响是邪恶的。

洪都拉斯成片的涂鸦展示了群体建立影响力的一种方式。

- **父母权威。** 如果整个家庭都加入了邪教，父亲就代表着邪教领袖的权威。一般来说，他们会利用愤怒和惩罚迫使孩子服从，而对付母亲的武器则是罪恶感和羞愧感。

- **虔诚。** 邪教成员常常被告知，他们所走的道路是得到救赎或启迪的唯一途径。

- **虐待。** 心理、情感、生理和性方面的虐待是此类邪教组织最具破坏性的特征。马修斯和同事访问的所有前邪教信徒都表示自己遭到过某种形式的虐待。

离开邪教组织的人们或许会感受到持续多年的悲痛或愤怒，不过也有很多人会从一

“如果所有人的想法都是相似的，那说明没有人在真正地思考。”

——记者 沃尔特·李普曼

文化性的道德系统提供了对错的判断标准。

起离开的同伴身上得到支持，于是他们继续帮助别人脱离邪教组织，并从中得到安慰。

»道德与禁忌

作为社会性动物，我们的某些信仰和行为流传甚广，根深蒂固，甚至被人们视作理所应当的自然法则，例如道德。哲学家为道德的起源问题争论不休，最近几十年来，演化生物学家和各个流派的心理学家又开始重拾这一议题。

学界的意见各异，但有一种说法颇具说服力，即道德是直觉机制（在演化压力下形成，部分深植在脑部）与文化环境共同作用的结果。社会心理学家乔纳森·海特说，道德系统的本质是“价值、实践、习俗和演化心理学机制环环相扣、共同作用，抑制或调节自私心理，让社会性的生活得以实现”。他断言，道德“来自遗传与文化的共同演化”。

不同的文化对道德问题的严重程度有着不同的判断，但也有共通的主题，例如：

- **照顾/伤害：**依恋系统和感受他人痛苦的能力，暗藏着善良、温柔、抚育等美德。
- **公平/欺骗：**演化形成互惠的利他主义，隐含着正义、权利和自治的理念。
- **忠诚/背叛：**与建立社交网络、团体、部落的能力有关，隐藏着群体中集体主义和自我牺牲的美德。

- **权威/服从：**等级分明的社交互动，暗示着领导者与服从者的道德规范，包括尊重正统权威和传统。

- **尊严/堕落：**厌恶和玷污，隐藏着努力想生活在一个更高尚世界里的宗教式憧憬；尊重我们的身体，因为它可能会被不道德的行为玷污。

道德判断具有双重性，直觉与文化都会影响道德，当我们面临道德困境时，情况尤其如此。处理道德问题的时候，人们常常会快速做出直觉性的反应，然而这样的判断通常经不起理性的分析。

著名的思维实验“电车难题”很好地反映了这一点。电车难题有很多版本，其中一个是这样的：你是一辆电车的司机，正开车沿着轨道向前飞驰。你的刹车坏了，就在这时，你发现前面有5个工人，他们面临被车撞死的危险；但是，你可以选择转向开往旁边的另一条轨道，那条轨道上只有一位工人，虽然他也会被撞死，但另外5个人却能活命。

？问问自己

它有多困扰你？

每种文化都有其禁忌的行为——某些在某个文化环境中认为无害的行为会被其他文化视作恶心或不尊重。研究者发现，直觉、文化环境和社会阶层塑造了人们对禁忌行为的看法。

在一项研究中，实验者向巴西和美国的受试者分别出示下列场景，并询问他们的反应：比如这些场景会令你有多困扰？或者毫无影响？

»一个女人在清理衣柜时发现了一面旧的国旗。她不想要了，所以她把旗帜剪成碎片，用来擦卫生间。

»一个女人生命垂危，她在临死前要求儿子每周都来墓前看望她。儿子深爱着母亲，所以他做出了承诺。但是在母亲死后，儿子并未遵守诺言，因为他很忙。

»家里的狗在门前被一辆车撞死了。家里人听说狗肉十分美味，所以他们切开狗的尸体，做熟以后在晚餐上吃掉了。

»一对姐弟喜欢亲吻彼此的嘴唇。周围没人的时候，他们会找个隐秘的地方激情亲吻。

»一个男人每周都去超市买一只死掉的鸡。不过在烹饪之前，他会和那只鸡发生性关系，然后再把它做熟了吃掉。

大部分人（无论是在巴西还是在美国）对“旗帜”和“临终遗言”的故事都没有太大感觉，但“狗”“亲吻”和“鸡”的场景会让大多数人感到不适，他们认为这些场景里的人应该停止这种行为，或者应该受到惩罚。社会阶层对人们的反应影响极大。社会地位更高的人（例如大学生）则表现得最宽容。

现在，你会转向吗？

然后想象一下，假如你站在一座桥上，俯视下面的一辆电车。车现在已经失控了，因为司机晕了过去。一个长得很胖的男人站在你身边。如果你把他推下去，他会被撞死，但轨道上的5个工人却会因此得救。你会把这个人推下去吗？

在第一个场景中，大部分人会选择转向；但是到了第二个场景时，大部分人不会把人推到桥底下。虽然第二个场景带来的结果和前一个一模一样：死掉一个人，救活另外5个。但是，前者是顺便伤害，后者是故意伤害，面对这样的抉择，人们的选择似乎完全出于直觉，而不是基于后果。

如果朋友感到痛苦，我们的脑部也会产生感同身受的反应。

研究者发现，面对道德困境或禁忌事件，人们很容易以第一时间的直觉做出判断，然后再为自己的判断寻找理由。电车问题，第135页侧边栏的5个场景，以及与性、食物（如果把一只消过毒的蟑螂放在一杯水里蘸一下，你还愿意喝那杯水吗？）和迷信（你愿意签署一份合同，以两美元的价钱把你的灵魂卖给魔鬼吗？即使这份合同没有任何实际效力。）有关的许多问题，情况都是如此。被询问的时候，很多人难以解释自己为什么会产生厌恶感，但他们坚持说背后一定有原因。这种行为被称为“道德错愕”：我们知道某件事不对，却无法解释为什么。

无论好坏，与他人建立联系的需求不但影响着每个人的生活，还塑造了人类整体的文化。“没有人是一座孤岛”，心理学家非常赞同约翰·多恩的这句名言。理解了社会依恋的强大力量，我们才会明白别人对我们的影响有多大——以及如何拒绝有害的影响，为自己的信仰而战。

著名的思维实验“电车难题”揭示了道德判断的困境。

》第五章《

反思智力

1881年的一个黄昏，克罗地亚工程师尼古拉·特斯拉在布达佩斯的一个公园散步。他向同行的朋友引用了一段《浮士德》里的名言。“那几句话极富启发性，就在我说出那些字词的同时，一个主意闪电般击中了我，真相在我眼前揭开。”特斯拉写道，

“于是我抓起一根棍子，在沙地上画起了示意图——也就是6年后我在美国电气工程师协会演讲时出示的图片。在我眼中，这些示意图鲜明而清晰，如金属和石头般坚实可靠，所以我告诉身边的朋友：‘这就是我的马达，看我把它颠倒过来。’”特斯拉在沙地上画的是交流电驱动的感应电机，今天，它是全世界电力应用的基础。

谁也无法否认特斯拉是个天才——然而，“天才”这个词到底是什么意思？的确，特斯拉曾在学校里学习过电气工程，但他并没有念完大学。是什么促成了他的诸多发明，是分析问题的技巧和多年积累的知识吗？或者说，那诗意的灵光一闪，比有意识的思考更加关键？他的创造力是否远远高于普通人——还是说他的成功来自内心的执着，来自多年来他对电力马达的潜心研究？

或许这些能力都对特斯拉的成功有所影响，甚至可能还有更多因素。以今天的角度去看，“智力”或“聪明”的定义已经远远超越了“会读书”的范围。当代的研究者认为，“聪明”意味着有能力达成目标：它是一种动态的综合能力，既包括对能力的判断，也包括对目标的不懈追求。达成目标的过程可以是有意识的，也可以完全出于直觉，或者二者皆有。“智力”不再仅仅是藏在你脑子里的天资，和创造力一样，智力是你的意识与外部世界互动的方式，它帮助你更好地生存和发展。

工程师尼古拉·特斯拉在科罗拉多斯普林斯的实验室里。

“智力”含义的变化

“智力是一种独立的能力”，多年来这种说法一直毁誉参半。20世纪早期，英国统计学家查尔斯·斯皮尔曼提出，每个人都拥有一定程度的通用智力，记为“g”。他说，尽管每个人都有各自擅长的技能，但是一般来说，如果你在某方面特别出色，比如特别擅长运用词汇，那么你在其他方面的表现也会优于平均水平。从某种程度上说，智力似乎是各领域通用的。其他研究者则指出，智力“g”适合用来衡量分析抽象问题的能力，例如学校里书本上的一些东西，但却不适合评判现实生活中的智慧。

对现代社会里的大多数人来说，智力可以用数字来衡量。智商测试、全国标准化考试、美国高考……在学校和实验室里，总有这样那样的测试会给你一个分数，为你敲开更高班级、大学或是研究生院的大门。“她的智商有110。”老师可能会这样说，似乎智商是某种天生的特质，就像棕色的头发是与生俱来的一样。但实际上，标准化考试的分数只是个分数而已，它只代表你某一天在某个特定的考试中取得的成绩，评估的只是极其有限的一些技能。更合理的说法是，“她在10岁时测出了

110的智商”，类似“她上周数学考试得了个B”。

标准化考试通常会衡量成绩和天资，或者二者兼有。成绩反应的是你学到了什么，例如词汇或者一般的文化知识；而天资能够预测你未来的学习能力，它评估的是解决问题或空间推理等技能。韦氏成人智力量表（WAIS）是最常用的成人智力测试，它由四个部分组成，测试范围包括文字理解能力、感知推理能力、工作记忆能力和处理速度能力。标准化考试的批评者指出，这类试卷中常常隐藏着一些社会经济学知识，例如剧院、保险等概念，如果受试者不熟悉这些隐藏知识，那么就会吃亏。他们表示，有些人就是不擅长考试——我们都认识几个这样的人——所以他们的智力会被低估。自我期望也会影响考试分数。如果告诉女性，在某个测试中，女性和男性的表现同样优秀，那么她们最终的得分会高于那些没有得到保证的女孩。如果孩子在很小的时候就去测智商，他获得的分数不一定能反映后来的发展。某些事件可能会刺激与认知相关的脑区，从而影响智力。

这些试卷的设计者深知智商测试的弊端，他们也在努力建造尽量公平的平台。如果运用得当，智力测试的结果可以大致预测你在学校和某些特定领域可能取得的成绩。但是，任何测试都无法全面反映一个人的智力。比如，一位澳

聚焦

弗林效应

你比你奶奶更聪明吗？她可能并不这样认为，但IQ测试出的分数给出的答案却是肯定的。过去一个世纪以来，从中国到巴西，各国人民的IQ得分都在稳定增长，每一代人会提高5分到25分。这个奇怪的现象叫“弗林效应”，得名于新西兰学者詹姆斯 弗林，他首次指出了这一现象。

智力测试通常会依据人群的平均表现来制定分数标准，斯坦福-比奈量表和韦氏量表都是这样。100分代表平均水平，也就是钟形曲线的中点。测试者发现，过一段时间他们就必须重新设置中点，才能更好地反映分数的普遍情况。按照现在的标准，100年前人们的平均智商只有76——今天，这个分数已经属于智力障碍的范围。

多年来，无论在哪个国家，无论采用哪种测试量表，弗林效应总是一再出现。文化类问题表现得尤其明显，例如与词汇有关的问题。不过，对于纯粹的数学问题或灵活的智力问题，人们的得分仍在稳定攀升。为什么会出现这种现象？原因依然是个谜。詹姆斯·弗林认为，主要是文化方面的影响。在他看来，现代教育、铺天盖地的媒体以及从农业社会向工业社会的转变等因素拓展了我们的词汇量，锻炼了我们的分析技巧——归根结底，让我们的脑子变得更适合智力测试。不过，除此以外，人们还变得更加灵活、更加变通。它可能与营养水平的提高有关，正如全球人类的平均身高也在增加一样；不过同样地，营养的提升也不能完全解释智商的爆炸性增长。家庭规模变小、健康状况改善、环境更加丰富多样化，这些因素可能也有贡献。无论如何，弗林效应似乎的确存在。

大利亚内陆土著可能在美国高考中得分很低，但若是在复杂的沙漠环境中寻找方向，他可以轻而易举地战胜美国大学生。

每一代人的IQ得分都比上一代人提高了5～25分。

»复合型智力

现代研究者普遍相信，智力不是一种单纯的能力，而是多种能力的组合。如果情况真的如此，那么智力到底包含哪些能力，我们该如何定义它们——这些能力之间又有什么关系？美国心理学家哈沃德·加德纳定义了相对独立的八种智能：语文智能、逻辑-数学智能、音乐智能、空间智能、肢体动觉智能、内省（自我）智能、人际（与别人互动）智能和自然观察智能。乍听之下，这些分类似乎很合理，但加德纳的批评者指出，其中一些分类毫无科学依据。

逻辑-数学能力可能是智力的一种表现形式。

以测试为基础，罗伯特·史登伯格又提出了智力的三因素理论，他认为智力包括三个部分：

• **分析智力：**完成学业、解决

每个孩子都有自己独特的学习技巧。

1000000$
市场
商业计划
20%
2013
www
10,000,000€
促销

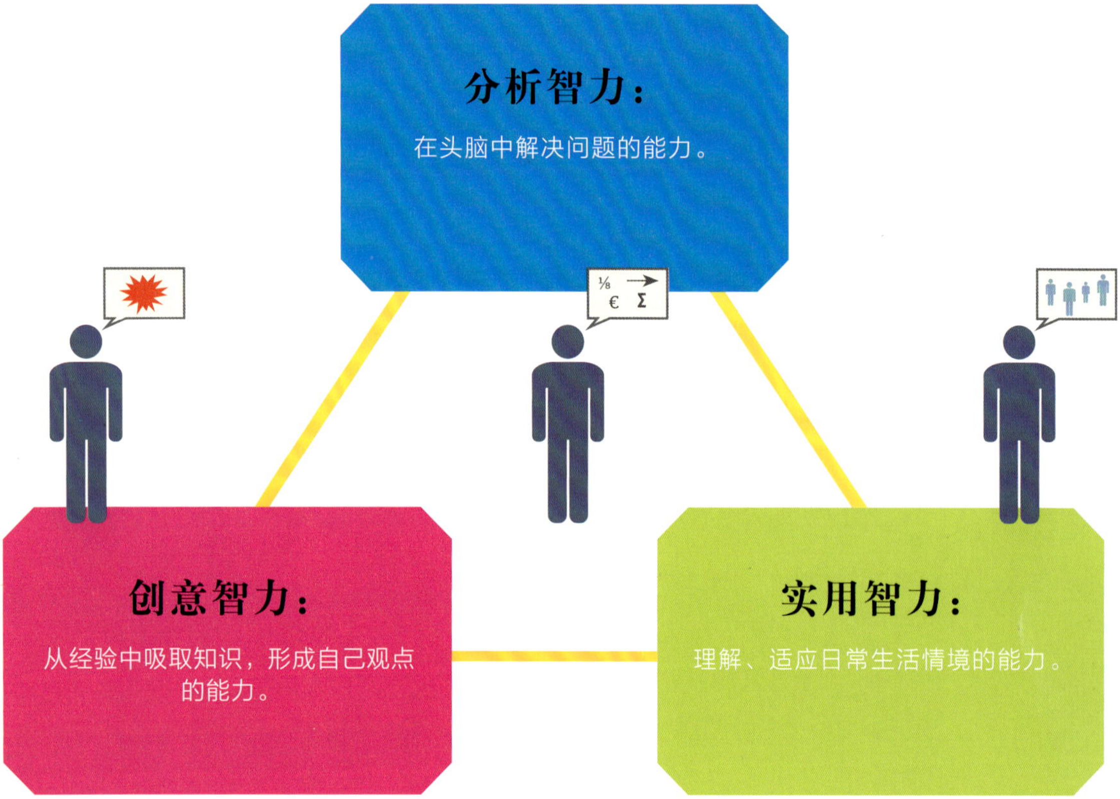

抽象问题的能力，而所谓的抽象问题，就是学校里和传统的智商量表中常见的那些问题——它们定义清晰，只有一个正确答案。这样的能力最接近我们通常所认为的“智力”，我们常常利用这种智力来分析、评估和比较信息。不过，除了解决书本上的问题以外，分析智力同样适用于各种各样的日常推理。比如，史登伯格和同事研究了事前预测和“事后推测”的区别——后者是指想象事物过去的样子。举个例子，给你一个硬桃子，那么你觉得一周后它是硬的还是软的？一周前呢？研究者发现，预测总比推测容易，而

“我们知道自己现在是什么，却不知道将来会变成什么。”

——剧作家 威廉·莎士比亚（《哈姆雷特》）

且速度更快。分析过去已经发生的事情比猜测未来更加困难。

- **创意智力：**利用已有的知识和技巧，成功处理新的、不常见的状况，并得出新颖答案的能力。创意智力高的人容易成为发明家，他们擅长提出新想法，发明新产品。

- **实用智力：**利用已有知识或技巧处理日常事务的能力。实用智力高的人总是非常能干。他们知道在某个情境下需要什么东西，然后动手去搞定。我们可能会说，这样的人懂得很多“心照不宣的知识”，比如那些通过经验得来、很难用语言解释的东西。骑自行车、做煎蛋卷、卖车，这些都属于“心照不宣的知识”。

史登伯格和他的同事表示，三种智力同时存在于每个人身上，但各人的侧重不同。有人三个项目得分都很高，但更普遍的情况是，人总有某个方面强于其他方面。这三种能力各自适用于许多不同的情境，从学校教室到工作场所再到家庭。

所以，从三因素理论的角度出发，我们可以简单地说某个人很聪明吗？从某种程度上说，可以。我们可以通过行为和某些关键品质来鉴别聪明人，他们的特征如下：

- **聪明人知道自己的生活目标并能努力达成。**想当警官的女人和想成为优秀小说家的男人，他们选择的道路肯定不会相同。社会背景也会影响人的智力。如果你来自贫困家庭，没有太多受教育的机会，那你显然比别人更难成为

试试看

创新思维

解决新奇问题的能力是创意智力的标志之一。下面的问题来自心理学家罗伯特·史登伯格和乔伊斯·盖斯特尔设计的问卷。试试看，你回答问题的速度有多快？哪些问题更难？

1.粉笔可以用来写字。那么，墨水与纸的关系就像粉笔与什么？

a）词语　b）黑板
c）橡皮　d）教室

2.如果手是听觉器官，那么，眼睛与变瞎的关系就像手与什么？

a）抚平　b）触摸
c）变聋　d）磨损

3.有的人比别人重。哪个答案可以填入下面的一系列词语之后？

皮包骨头、瘦削、中等身材、丰满……

a）饥饿　b）瘦小
c）肥胖　d）运动员似的

4.一餐结束时，家具会被吃掉。那么哪个答案可以填入下面的一系列词语之后？

开胃菜、汤、沙拉、主菜……

a）桌子　b）面包
c）菜单　d）前菜

答案：
1.b; 2.c; 3.c; 4.a
问题2和问题4都是新奇问题，解决这些问题需要发挥创意智力。

优秀的小说家。但是，聪明人拥有达成目标的能力，或者至少拥有一个计划，可以让自己获得达成目标的能力。

- **扬长避短。** 如果你能认清自己的长处和短处，并在实际应用中扬长避短，那么你就是个聪明人。短处和弱点需要耗费多少精力取决于它们有多大的破坏力。罗伯特·比斯瓦斯-迪纳博士把弱点比作船上的洞。如果说生活是一条船，向着期望的目标航行，那么你的弱点就是船身上的洞。如果裂口很小，那么船会漏一点水，但不会真正拖慢你的速度；要是小洞牵扯了你太多心力，那么你反而无法抵达终点。大的弱点意味着洞更大，你得花费一些精力去修好它，才能继续航行。有时候，弱点的洞实在太大，整条船都可能沉下去，旅途也将被迫中止。在这种情况下，你得把船拖上岸，好好修理一番，然后才能再次上路——换句话说，在处理好弱点之前，暂时不必理会你的目标和长处。

脑子里想到的第一个选择通常是最优答案。

- **有的专业人士会根据自己的长处调整职业生涯的侧重点。** 比如，在英国，律师分为事务律师和讼务律师。事务律师的工作地点是办公室，他们在办公室里接待客户、分析案情、处理文字工作。而讼务律师擅长辩论，他们会出现在法庭上，做出有说服力的论辩。

- **适应、塑造和选择环境。** 聪明人懂得顺势而变。比如，无论是在战争时期还是在和平时期，总统都能很好地领导整个国家，他依靠的就是这方面的智力。聪明人还会塑造环境，使之适应自身，或者让别人更好地发挥长处。如果某位公司高层擅长和人打交道，却不适合做办公室常规工作，那么他可能就不会再亲自处理事务，转而让别人去做，这时候，他展现的也是塑造环境的智慧。运用三种智力——分析智力、创意智力和实用智力——达成目标。认清自己的全部能力，并适当地加以应用，我们就能表现得更好。

罗伯特·比斯瓦斯-迪纳博士把生活比作一条开往目的地的船。

“真正的聪明人从不超前于时代。”

——科学家 约瑟·亨利

有意识和无意识的思维

感应电机的示意图似乎不请自来地出现在尼古拉·特斯拉的脑子里，但实际上，它可能是无意识认知的产物，这是一套看不见的思维过程。我们很容易觉得，运用智力时，我们总是在有意识地、有目的地一步步解决问题，比如研究一幅地图，或是再加上一串数字。我们的一部分思维过程的确是这样的，例如有意识的认知。但是，大量的信息处理过程发生在意识的层面之下。我们会无意识地做出即刻的判断和快速的认知，这些判断和认知又会影响我们的想法和行为。

审查是无意识认知最重要的功能之一。我们的脑子会屏蔽掉无数感官细节，如果不这样做的话，大量信息会把我们逼疯。想想看，开车的时候，如果你时刻留意每一个细微的动作，观察周围的每一辆车、每一个路标、每一幢建筑、天空中的云、路边的树、外面的噪声，那么你连一条街的距离都开不过去。事实上，熟练的司机常常会发现，自己对车外的风景熟视无睹，机械地开过许多个街区，完全没留意外面的环境。这样的过滤功能被称为“潜在抑制”。你的脑子依靠这种能力屏蔽与手头任务无关的信息。如果脑子里的过滤功能出了问题，人就容易分心，丢三落四，甚至更糟：比如，精神分裂症与潜在抑制缺失有关，这意味着患者难以屏蔽周围的无关信息，因此他们时刻经受着信息轰炸，头脑很难正常运作。

无意识认知是脑部的学习中心。早期的科幻小说喜欢

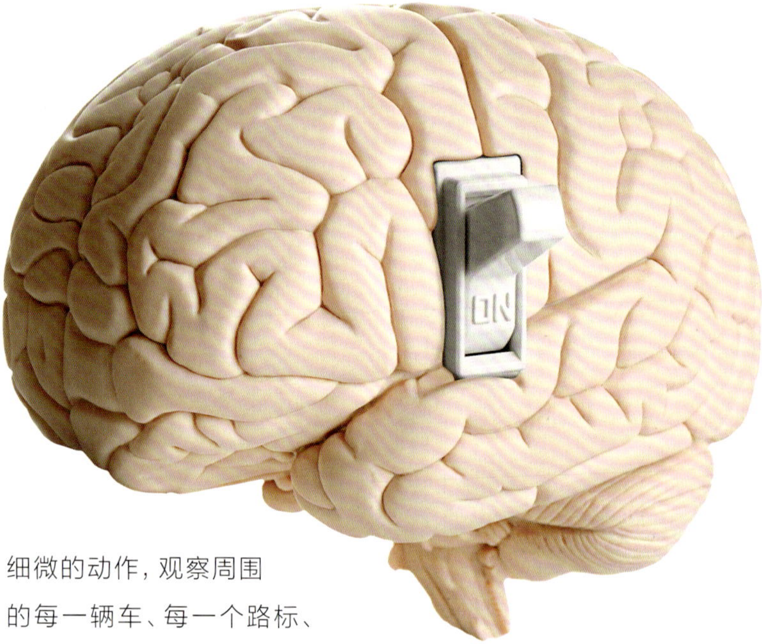

如果我们的脑子不能屏蔽无关的感官信息，那我们就什么都做不了了。

“诚实地欣赏神秘，这是智慧和高智力的标志。”

——诗人 托马斯·穆尔

x1000r/min
H
F
km/h
MPH

描绘这样的场景：成年人在睡梦中听磁带就能学会一门外语或者掌握某张线路图。悲伤的是，这种轻松获取知识的方法尚未真正实现，但是，科学家已经发现，我们的头脑可以在无意识的情况下处理信息。因此，有时候我们可以快速地、几乎是直觉性地理解事物，无须任何思考。

举个例子，我们或许不能在一夜间学会一种语言，但却能在无意中掌握语法规则和句式。在一项实验中，研究人员向受试者出示一些字母，这些字母的排列顺序反映了一些新的、较难的语法规则。不久后，受试者就学会去分辨新的字母串是否符合“语法”，尽管他们无法清晰地说出这套语法模式，但通过已有的经验，他们的脑子以某种方式归纳了字母中隐藏的模式，并学会了分辨它们。

哪怕在麻醉状态下，脑也可以完成学习行为。在另一项实验中，研究者向25位正在接受心脏手术的麻醉患者播放录音带，录音中的单词以成

聚焦

精神代数学

本杰明·富兰克林是一位政治家、发明家，也是一位作家，他拥有自己独特的思考方式。在1772年的一封信中，富兰克林向英国科学家约瑟夫·普利斯特里介绍了自己的决策流程：

“面对这样的困难情况，我认识到，主要的困难在于，权衡利弊时我们无法同时看到所有的得与失；正好相反，有时候我们会想到一些利弊，而下回又想到另一些得失，之前的想法就从脑海中淡出了。因此，有时候这个理由占了上风，有时候新的倾向又出现在你脑中，不确定性搅得你头昏脑涨。”

“为了克服这个问题，我把一张纸从中间分成两栏，左边写好处，右边写坏处。经过三四天的深思，我把不同时间的不同想法简短地写在表格中。通过这种方法，我把所有利弊都集中在一起通盘考虑，然后努力评估每个理由的分量。如果在利弊两侧各找到一个分量差不多的理由，那么就把这两个都一起划掉；如果找到一个有利的理由，约等于两个有害的理由，那就把这三个划掉；两个有利等于三个有害，则划掉五个，以此类推。这样一来，最后总能找出答案。然后再经过一两天的深入思考，如果在利弊两侧都没发现新的重要因素，那么我就做出最后的决策。”

“虽然我对各个理由重要程度的评估不可能达到代数意义上的精确，但是，通过对每个因素相对独立的思考和比较，我对全局看得更加清晰。我认为，通过这种方式做出的判断更加准确，因急躁而犯错的可能性也更小。事实上，这样的评估带给我莫大的益处，我们不妨称之为‘精神代数学’或‘明辨代数学’。”

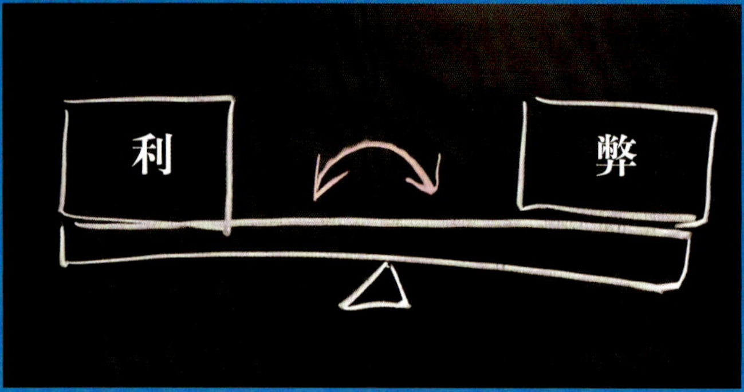

“执行力是天才的战车。”

——诗人 威廉·布雷克

对的形式出现。手术结束后，所有患者都不记得自己听过录音带，但他们却知道成对单词之间的关系。他们脑子里的某个区域不但听到了磁带，还从中学到了东西。

»脑子里的捷径

无意识认知不仅能帮助我们学习，还能通过脑子里的捷径帮助我们快速做出决策，这种“抄近路”的方法叫作启发式。需要做出选择时，本杰明·富兰克林（见左页侧栏）这样年纪比较大的人可能会写下利弊，但大多数人完全依赖直觉。我们就是觉得某些答案听起来比较正确。

在决策过程中，过多的数据可能会让我们陷入困惑。启发式最大的好处在于，它帮助我们节省时间的同时，做出更好的选择。研究者已经确认了各种类型的“脑内捷径”。比如，如果采用认知启发式在两个选项之间做出抉择，我们会倾向于选择更熟悉的东西。研究表明，以公认价值选取的股票投资组合，其表现优于市场平均水平。公认价值甚至能预测体育比赛的结果。比如，在2004年和2006年的温布尔登网球锦标赛中，球迷对业余网球选手成绩的预测相当准确，甚至超越了种子选手和排名的参考价值。

如果两个选项都很熟悉，那该怎么办？在这种情况下，最好的选择可能是第一个出现在你脑子里的念头，这叫流

畅启发式。比如，研究者给熟练的手球选手观看专业比赛的录像片段，并询问他们，如果当时在场上的人是你（传球、射门等），你会怎么办？平均而言，第一个蹦进脑子里的想法总是优于片刻思考之后做出的选择。篮球运动员在实验中也出现了类似的情况。

运动员还有一种常见的启发式：“咬定一点”。需要同时权衡多种因素时——比如，某位篮球运动员的位置，风向，平飞球的轨迹、速度、旋转速度——场上的运动员只需要让自己和篮球之间的视角保持恒定就好。换句话说，用眼球锁定篮球。

明确的潜意识信息（如“请喝可口可乐”）效果并不理想。

如果按照本杰明·富兰克林的方法来衡量，启发式有利有弊。某个选项可能第一个出现在你脑子里，或者让你感觉很熟悉，但这不代表它就更准确。很多东西之所以听起来很熟，只是因为它富有情感上的冲击力。读到彩票获奖者的新闻时，人们往往会高估自己中奖的概率。从统计学上说，飞机比汽车更安全，但大家却更害怕坐飞机。

如果必须快速整合大量的信息，这时候无意识决策的效果最好。而若是需要严格遵循规则，排除概率较小的可能性，那么有意识思考的效果更好。若是情况复杂，最好双

运动员利用脑子里的捷径快速做出决策。

感情冲击力强的信息、可怕的信息都可能给我们带来偏见。

管齐下，同时调动无意识和有意识的思维。研究发现，面对复杂问题，如果能够先理性思考，再用无意识补充，那么解决问题的效果远远优于单一的思考方法。

»隐藏的情绪

很多信息处理过程是在潜意识层面完成的，如果必须有意识地处理所有信息，那我们的头脑很快就会不堪重负。情绪的处理过程也是同样的道理。面对外部世界的刺激，我们的情绪也会产

“他的卓越才华让天涯变得近在咫尺，让人们无畏地驶向远方。”

——发明家范信达的墓志铭

20世纪50年代的潜意识广告号称取得了惊人的效果，但其实只是夸大其词。

生无意识的响应，尽管我们自己毫不知情。这些隐藏的情绪会在不经意间左右我们的行为和决策。

很多人听说过市场研究者詹姆斯·维克里在1957年进行的一项实验。按照维克里的说法，他在电影《野餐》放映期间，每隔5秒就在画面中插入1/3000秒——远低于意识能够感知的阈值——的广告信息，写着“请喝可口可乐”和“饿了吗？吃爆米花吧”。他宣称，可乐的销量因此攀升了18.1%，而爆米花的销量升幅达到了惊人的57.8%。这组数据一经公布，立即引起了轰动。

不幸的是，后来人们发现维克里撒了谎。谁也无法复现他的实验结果，说明这个层面的潜意识广告就是不起作用。

但是，隐藏的信号会以更微妙的方式影响我们的情感。如果积极或消极的图片以快得无法察觉的速度从你眼前闪过，你的情绪也会随之起伏。

比如，有两项研究给受试者看一些中性的图片（不认识的汉字符号），并要求他们给每张图片打分。

“我一边推着你的婴儿车，一边思考很多科学计划。”

——来自物理学家阿尔伯特·爱因斯坦写给儿子汉斯·阿尔伯特·爱因斯坦的信

在每个符号出现之前，会有一张快乐或愤怒的脸一闪而过，快得来不及觉察。结果表明，快乐的脸会让受试者给出的分数上升，而愤怒的脸会让分数下降，哪怕研究人员告诉了受试者，隐藏的图片可能影响他们的判断。

明确的潜意识信息（如“请喝可口可乐”）效果也许不够好，但情绪性的暗示的确会影响人们的消费，尤其是在消费者本身就有购买欲的情况下。在受试者很口渴的情况下，向他们出示快乐、中性或愤怒的潜意识表情图像，受试者的情绪不会有任何变化。但是，接下来，看到快乐表情的受试者会多喝50%的果味饮料，而且对饮料的付费意愿差不多是其他人的两倍。

我们拥有察觉不到的感觉，这个说法似乎有点矛盾。更准确地说，我们会对所有感觉做出响应，但却只能察觉其中的一部分。从演化的角度来看，这样的机制自有其道理。情绪是一件强大的生存工具，它提醒我们注意周围环境的变化（无论好坏），并激发恰当的响应。如果某样东西会带来威胁，那么我们会本能地害怕它、排斥它；而有益的东西会吸引我们，获得我们的喜爱。但是，和其他感官一样，如果对每一件小事都产生可觉察的情绪响应，那么我们很快就会疲惫不堪。面对周围的

环境，我们需要恰到好处的反应，不能多也不能少。

创造性思考

如果以某种规律将字配对成词，比如，“螃”和“蟹”是一对，那么，能与“菠”配对的词语是什么？

现在我们来看看，在考虑这类问题的时候，你具体是怎么做的。首先，你分别审视两个词，然后系统性地思考二者之间的逻辑关系，是这样吗？或者你放松思绪，进行自由联想？

研究者发现，放任思绪随意游荡的时候，最容易灵光一闪——突然间你就找到了创意十足的答案。我们当然可以通过系统性的推理得出合适的解决方案，却不应抑制脑子里的胡思乱想，因为这样的天马行空常常会带来意想不到的收获。比如，放松思绪时，“萝”字可能就会很自然地出现在你的脑海里。

谁也无法时刻保持专注的状态。想一想，上次开会的时候，你专心听了大家说的每一个字吗？显然不太可能。厌倦情绪、外部干扰和疲劳总会让我们的思绪飘离眼前的情景，遁入自己的精神世界。这不一定是件坏事。在意识随意游荡的同时，脑子里的潜意识神经网络可能会悄然启动，以另一种方式处理信息。

飘荡的思绪可能是创意的源泉。原创、新颖、适应性强的创意不会凭空出现。要不是特斯拉多年来一直潜心研究电气设备，他也不可能发明感应电机。我们的潜意识网络似乎能够发现并巩固脑子里已有的信息。一项针对专业作家和物理学家的研究表明，40%以上的创意出现在不经意之间。你正在想或者做与工作完全无关的事情，好主意突然就冒了出来。“灵光一闪”得来的想法不一定比深思熟虑后的答案更有创意，但却更有可能帮助你走出思维的死角。

最好的想法总是出现在思绪信马由缰的时刻。

？问问你自己

你在什么时候最有创意？

“私人日记非常有趣，如果它记录了一些想法的出现过程，那就更有意思了。”作家安德烈·纪德在日记中写道。

准备一本私人日记。

要想培养创造力，你可以准备一个“创意笔记本”，它可以是纸质的，也可以是智能手机或平板电脑上的程序。下次脑子里冒出新主意的时候——可能是一本书的想法，一个艺术项目，一个新的商机，或者其他任何东西——赶快把它记下来，别让它淹没在日常的琐事中。记录的时候顺便问问自己，这个主意冒出来的时候你正在干什么，然后把这一点也记下来。你是在散步？在洗澡？还是在吃午饭？或许你会发现，创意总是出现在脑子放空的时候。

白日梦很重要

“为什么大部分儿童教育似乎都会摧毁孩子的创造冲动？”

——作家 奥尔德斯·赫胥黎

在脑子放空的时候，你的情绪可能也会大幅好转，尤其是在应付无聊任务的时候。人们发现，放松精神会让你对未来更乐观。

要利用这类“潜意识心理过程”，最好的办法不是什么都不干，而是做一些简单的工作。在一项研究中，研究人员交给学生一系列创造性问题，要求他们提出解决方案。接下来这些学生被分成几组，有的被安排做艰难的任务，而有的则得到的是不太难的任务，有的只需要休息，而有的完全没有休息的机会。最后发现，分配到简单任务的学生，如果在完成任务后再次尝试解决之前的创造性问题，他们的表现会比其他几组都好。轻度的脑部活动是创意的孵化器。下次再遇到创造性问题的时候，不妨去做一些简单的工作，比如整理文件或者去跑步机上走一走，看看答案是否会自然而然地冒出来。

夜晚做梦时，清醒的思维退居幕后，意识信马由缰地走上意料之外的小路。梦的意义和功能是什么？科学界尚未得出定论，但很多富有创意的人都会从梦里寻找灵感。有人甚至会在梦中突然开窍，就像特斯拉在布达佩斯的公园里醍醐灌顶一样。

比如，神经学家奥托·勒维就体验过梦中的灵感，他的经历现在已经成了一个著名的案例。1920年，勒维正在研究神经信号的化学传递问题。某个周六的晚上，他在梦中看到了一个可以展示神经

从事创意工作前先休息一下，这有助于提高你的表现。

传递过程的实验。

“我醒来，打开灯，在一片薄纸上匆匆写下几句提示，”后来勒维写道，“然后我又睡着了。早上6点钟的时候，我突然想起自己昨晚写下了一些非常重要的东西，但当我看到那张纸片时，却完全认不出自己写了什么。”第二天晚上，勒维沮丧地睡着了，结果他又梦到了那个新实验。这一回，他醒了过来，记下了实验程序，然后立即依照梦中的流程修改了实验室的计划。试验成功找到了乙酰胆碱和肾上腺素这两种化学神经递质，这项成果后来为勒维赢得了诺贝尔奖。

梦的神奇效果还在延续。新西兰生理学家约翰·埃克尔斯在研究神经传递时提出了电信号在细胞之间传递的理论，这套理论的灵感同样来自梦。“醒来以后，我立即想起了勒维的悲剧，所以我强迫自己保持清醒，花了大约1个小时仔细思考那个梦的方方面面，结果发现，它符合所有的实验证据。”埃尔克斯写道。他后来也获得了诺贝尔奖。虽然我们可能没机会获奖，但准备一本关于梦的笔记本，记下夜间的思考成果（写清楚点儿！），没准你也能发现新的创意。

»富有创造力的人，创意十足的处理过程

在人们心目中，艺术家总是热烈奔放的，富有波西米亚气质。从某个角度来说，这样的刻板印象是对的。一般来说，创造力强的人，其心态比较开放，他们欢迎新的体验，

聚焦

吉他盒与孔雀尾

什么样的形象最性感：吉他手、运动员，还是普通人？

法国研究者做了一个有趣的试验，他们让一名英俊的年轻男子走到城市的大街上，手里要么拿着吉他盒，要么拎着运动袋，要么什么都不拿。他走到一位年轻女子身边，微笑着说，“你好，我叫安托万。我只想告诉你，我觉得你很美。今天下午我有活儿要干，不知道你愿不愿意给我个电话号码。晚点儿我会打电话给你，我们可以找个地方喝一杯。”

如果“安托万”拿着吉他盒，大约三分之一的年轻女子会给他电话号码；如果什么都不拿，留下电话的女子有14%，而若是他拿着运动袋，愿意留电话的只有9%。

创造力是否意味着性感？女性是否认为创造力具有演化上的优势？早在达尔文的时代，就有研究者指出，创造力就像孔雀的尾巴：在竞争激烈的性选择领域，它是健康的标志。华丽的尾羽代表着这只雄鸟有足够的资源，同样地，创造力标志着这个人的精神资源高于一般水平。

调查结果表明，创造力强——尤其是艺术方面的创造力——的人拥有的性伴侣数量多于常人。不过，我们总是偏爱那些兴趣爱好与自己相近的人，所以，如果你看重技术上的创造力，那么你很可能会选择趣味相投的伴侣。至于背着健身袋的运动员——或许他们希望把自己的袋子换成吉他。

懂得灵活变通，大胆、独立、不受常规束缚。

艺术家的情况尤其如此，科学家倒是没这么明显，即便如此，技术创造力强的人依然比一般人更加开放、更加独立。幽默感也跟创造力有关，富有创造力、充满幽默感的人通常喜欢玩耍、追求新鲜、擅长在不同的概念之间建立出乎意料的联系。研究表明，幽默本身就是一种创造性过程。有趣的人通常创意十足，反之却不一定：有的人很有创造力，却毫无幽默感。

创造力会提高你在性选择中的竞争力。

即使你毫无艺术细胞，但只要理解了创造力的机制，你也可以提升自己的创意。首先，不要被动等待别人来触发你的灵感，因为富有创意的想法实际上出现在灵感的前面，而不是后面。

一旦有了创造力十足的

聚焦

头脑风暴真的有用吗?

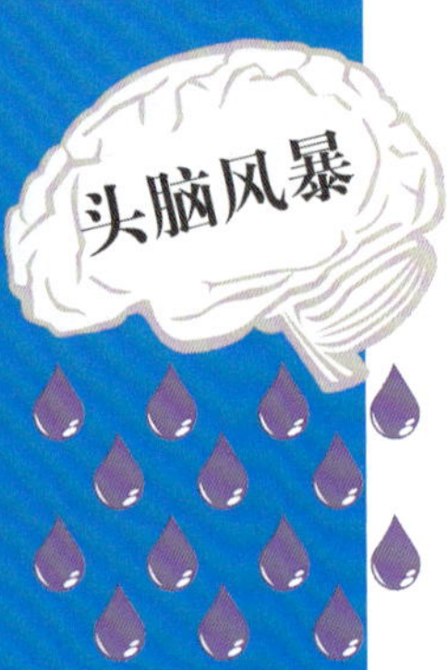

头脑风暴常常出现在工作会议中。无论是要解决问题，还是要启动某个项目，或是计划一次活动，我们总爱把团队里的所有人都召集起来进行头脑风暴。1948年，广告经理亚历克斯·奥斯本在《你的创造力》一书中提出了这种商业技巧。他写道，头脑风暴要想获得成功，关键在于积极、包容以及能接受所有想法的态度。“创造力是脆弱的花朵，表扬会让它尽情绽放，而批评常常会冻伤它的蓓蕾。”接下来的几十年里，“从不说不”的头脑风暴席卷了大大小小的公司。

但是，正如作家乔纳·雷尔所说，“头脑风暴有一个问题：它根本不管用。”不断有研究表明，平均而言，集体和团队的创意其实不如单打独斗的个人。此外，在积极向上、集体思考的氛围中，人们的想法常常会朝同一个方向汇集，无法产生百花齐放的创意。实际上，经典的头脑风暴会议反而会抑制创意。

不过，喜欢合作思考的人也不必害怕。把观点不同的人放到一起，让他们近距离接触，确保他们的思维时常碰撞，同样能激发创意。开会时我们应该抛弃“不许批评”的规矩，允许健康的争辩。公司也应该鼓励员工独自进行头脑风暴，然后再把大家的想法汇总到一起。

想法，灵感就会不期而至，帮助你将想法变成现实。灵感具有三种特征：超越性、唤起性和动机趋近性。超越性能使人超脱于平凡的日常体验，看到创意带来的更多可能性；唤起性是指你受到其他人的影响，从而产生灵感，影响你的可能是别人的创造性想法，也可能是具体的行动；动机趋近性则会让你渴望实施自己的创意，将它表达出来并加以实现。如果受到激励，创造力强的人会先有一个想法——通常来自别人的启发——然后看到它的潜力，并渴望将它实现。

受到束缚的时候，创造力反而更加蓬勃，这样的现象不符合直觉，却真实存在。如果给你一张白纸，让你随意发挥，大多数人会感觉茫然，并尝试重复自己以前做过的东西。但要是有所约束，你却更容易找到方向，发现无限的可能。知识就是一种约束。你需要获取一些本领域内的知识和技能，才有可能成为一名创造者——如果没有刻苦的训练，再多的天才也不能让你成为米开朗基罗那样的雕塑家。大脑的局限也是约束条件之一，哪怕是最聪明的人，能处理的信息也是有限的。除此以外，对可变性的需求也会约束你的思维，富有挑战性的任务带来的刺激比重复性的任务更强，于是你会产生更多原创的想法。你还会受到自身能力的限制——有的人就是更有才华。

那么，情绪会影响创造力吗？忧郁的贝多芬和积极乐观的富兰克林，哪种性格特质更有利于发挥创造力？我们发现，这两种情绪各有其擅长的领域。负面情绪会提

要想发挥创意，
需要先找到方向。

升专注度，让你更准确地执行任务，尤其是在任务本身比较严肃的时候；要是任务比较有趣，那么积极的情绪会带来更多创意。

贝多芬的愤怒和绝望很符合普通人的想象：艺术家都是疯子。这样的刻板印象并非全无来由。许多艺术家的创造力都伴随着精神创伤和情绪障碍，但与此同时，创造力或许也是艺术家的救生衣，能帮助他们克服问题。高智力的人通常出自细心呵护的家庭，创造力强的人却常常背负着过去留下的伤疤。他们可能来自父母不和的家庭，或者在孩提时代就失去了父母，又或者有过其他痛苦经历。或许正是靠着与生俱来的天资，他们才能克服生命中的挑战，得到骄人的成果。

潜在抑制缺失给精神分裂症患者带来了很多问题，但对某些人来说，它可能也有积极的一面。在标准化考试中，注意力缺失/多动障碍（ADHD）患者的表现通常比一般人更差，然而在实验室评估创造力的问卷中，他们却能拿到更高的分数，而且可能更容易在这方面做出成果。抑郁或双相障碍之类的情绪缺陷会严重破坏患者的生活，作家和艺术家出现此类症状的概率是普通人的8~10倍。德国作曲家罗伯特·舒曼深受双相障碍之苦，他的情绪总在狂躁和抑郁之间徘徊，这样的折磨让他产生了幻觉，他甚至试图跳桥自杀。他在狂躁期完成的作品数量差不多相当于抑郁期的4倍。但是，按照音乐界的普遍看法，尽管舒曼在狂躁期的作品数量极多，但质量却没有相应地提高；他在抑郁期创作的音乐与狂躁期的作品质量大体相当。美国诗人西奥多·罗特克也是双相障碍患者，他在发病的间隙写下了一些最有力的作品。“黑暗中，

经典的头脑风暴会议反而会抑制创意。

文森特·梵高的精神疾病滋养了他的艺术作品，比如，他的大师之作《星空》就是在一家精神病院里画出来的。

路德维希·范·贝多芬

“想象力比知识更重要。”

——物理学家 阿尔伯特·爱因斯坦

眼睛开始看见。”在一首诗的开头，他这样写道。

舒曼和罗特克的天才与疯狂同样罕见，但每个人都可以用心培育自己的创造力和智力。首先，你应该理解自己的智力构成——分析智力、实用智力和创意智力的独特组合——这将帮助你找到达成目标的最佳路径。探索脑子里隐藏的资源和联想能力，也许你会得到额外的收获，找到意料之外的答案。不必时刻要求自己的脑子循规蹈矩，偶尔放任一下，让它走得更深更远，你才能更好地挖掘自己的天资。

探索意识深处隐藏的资源，解放自己潜藏的能力。

» 第六章 «

是什么激励着你

2015年1月14日，两位美国攀岩者翻过一道岩石山脊，意气风发地站在优胜美地国家公园标志性的岩石结构“酋长岩”上面。他们首次徒手登上了巨型独石“黎明墙”，这座陡峭的花岗岩壁高达914米。

汤米·考德维尔和凯文·乔治森凭借自己的双手、双脚和防坠落的保护绳，在岩缝间攀爬了19天，终于完成了这一壮举。在一片难度极大的攀岩区域，乔治森和考德维尔无数次掉下去又顽强地爬起来，他们的手指被磨得鲜血淋漓，肌肉火辣辣地疼，但两位攀岩者咬牙坚持了下去，因为这次攀登他们计划了足足7年。在一个阳光明媚的下午，两人终于到达了峰顶。

是什么激励着这些攀岩者去尝试这么困难的挑战？他们为什么能取得成功？人格心理学家或许会说，他们在外向性、情绪稳定性和开放性方面的得分很高。侧重于动机研究的学者会指出，这样的人渴望获得新的体验，他们会顽强地向着目标前进。而致力于自控力研究的人则会提出，这两位攀岩者拥有极强的毅力。

在这次行动中，考德维尔和乔治森的个人特质体现得淋漓尽致。在每一天的日常生活中，在我们与他人、与环境互动的过程中，我们的个人特质总会不经意地流露出来。动机、驱动力和追逐目标的意志塑造了我们的性格。个人特质、动机和驱动力的组合铸就了每个人独特的身份。

人格

形容个人特质的词语成千上万，比如合群、善良、耐心，粗鲁、懒惰、冷漠。

形容个人特质的词语成千上万。

20世纪的心理学家试图将关于人格的各种零碎想法整合成可验证的理论，首先，他们试图把某些性格特质联系起来。爱说话的人更有可能表现得独断专行，情绪化的人常常缺乏安全感。今天，研究者已经发现，所有性格特质可以大致归纳成五个大类，人们通常称之为“五大性格特质”：开放性、尽责性、外向性、亲和性和神经质。（可以缩写为“OCEAN”，意思是“海洋”，很好记吧？）

每个人的性格都是以上五大特质的综合体。每一种特质都可以用从低到高的量表来衡量。亲和性强的人看起来富有同情心、而且心地善良，而亲和性弱的人则显得冷酷、暴躁。五大特质的得分高低可能各不相同：有人亲和性很弱，但他也许非常尽责；面对新的体验，害羞的人也可能表现出开放的态度。

我们可以通过性格特质来推测一个人的健康情况。

若是在人群中进行大规模的观察，我们会发现，性格特质会带来某些特定的行为，而且它常常决定了你的生活道路。不过同样重要的是，你得知道，我们不能通过性格特质来预测一个人在特定情况下的反应，性格特质也无法描绘人格的每一个微妙变化，它只是一个宽泛的分类，而不是量身定制的个人预言书。

我们可以通过性格特质来推测某些人的健康情况。尽责性高的人更健康长寿，这很正常，因为这样的人更有可能保持健康饮食、养成注意安全的习惯，同时吸烟酗酒的概率更低。外向性高的人通常交游广阔，这对健康有好处，但是与此同时，他们吸烟、过量饮酒、发生危险性行为的概率都更高。亲和性强的人饮酒的概率也高于平均水平，但冷酷、不近人情的人却更容易罹患心血管疾病。神经质得分高的人很容易焦虑，他们的健康状况普遍不如常人，很容易出现饮食障碍、物质滥用和耳鸣等问题。

»开放性

开放的性格代表你喜欢不断地寻找新的体验和知识。开放性高的人更乐于接受新的观点，他们比一般人更爱去画廊和音乐会，愿意尝试新的

（?）问问你自己

性格分类表

在五大性格特质中，你属于哪个区间？阅读下面的句子，并写下最符合你自身情况的数字，最后得到的分数代表你在相应性格特质的所处区间，最低为1分，最高为7分。

我觉得自己：

1. _____ 性格外向，充满热情。
（1=非常不同意，2=不太同意，3=有一点儿不同意，4=不置可否，5=比较同意，6=相当同意，7=非常同意）

2. _____ 喜欢批评，爱好争论。
（1=非常不同意，2=不太同意，3=有一点儿不同意，4=不置可否，5=比较同意，6=相当同意，7=非常同意）

3. _____ 坚实可靠，长于自律。
（1=非常不同意，2=不太同意，3=有一点儿不同意，4=不置可否，5=比较同意，6=相当同意，7=非常同意）

4. _____ 情绪紧张，容易沮丧。
（1=非常不同意，2=不太同意，3=有一点儿不同意，4=不置可否，5=比较同意，6=相当同意，7=非常同意）

5. _____ 心态开放，性格复杂。
（1=非常不同意，2=不太同意，3=有一点儿不同意，4=不置可否，5=比较同意，6=相当同意，7=非常同意）

6. _____ 有所保留，冷淡安静。
（1=非常不同意，2=不太同意，3=有一点儿不同意，4=不置可否，5=比较同意，6=相当同意，7=非常同意）

7. _____ 有同情心，温暖体贴。
（1=非常不同意，2=不太同意，3=有一点儿不同意，4=不置可否，5=比较同意，6=相当同意，7=非常同意）

8. _____ 不守规矩，漫不经心。
（1=非常不同意，2=不太同意，3=有一点儿不同意，4=不置可否，5=比较同意，6=相当同意，7=非常同意）

9. _____ 处事冷静，情绪稳定。
（1=非常不同意，2=不太同意，3=有一点儿不同意，4=不置可否，5=比较同意，6=相当同意，7=非常同意）

10. _____ 固守传统，枯燥死板。
（1=非常不同意，2=不太同意，3=有一点儿不同意，4=不置可否，5=比较同意，6=相当同意，7=非常同意）

答案：

外向性：题1和题6分数相加，然后除以2
亲和性：题2和题7分数相加，然后除以2
尽责性：题3和题8分数相加，然后除以2
神经质：题4和题9分数相加，然后除以2
开放性：题5和题10分数相加，然后除以2

试试看

意面和砖头

创造力通常和开放性紧密相连。下面是两个简单的创意练习，和朋友一起试试，看看你们的表现如何。

1. 意式细面、意式宽面、意大利饺、意式卷筒……这都是常见的意面名称。如果让你创造几种新的意面名字，你能想出多少来？花一分钟时间，在纸上写下你想到的名字。

2. 一块砖头能干什么？请在一分钟内写下你能想到的用途。

答案：

对于意面的问题，不以“面”字结尾的名字更有创意，你和朋友各自想出了几个不同的名字？

至于砖头的用途，最有创意的想法通常出乎意料，而且细节丰富。你们各自想出了砖头的几种用途？是不是很有创意？

食物，时常重新布置房间，更容易享受学习本身的乐趣。

从某种程度上来说，开放性与智力和教育程度相关，所以一些心理学家相信，这种特质应该进一步细分为两个亚类：智力上的开放性和体验上的开放性。不过，开放性主要反映了一个人精神生活的广度和独创度。

开放性高的人接受教育的年限普遍更长，更擅长艺术类工作，甚至更可能接受文身。与此同时，他们罹患双相障碍的概率也更高。与一般人相比，他们更爱做栩栩如生的梦，而且更有可能记住自己的梦境。

开放性低的人可能在政治上十分保守。开放性高的人更愿意接受变化，尽管这些变化会带来更多的压力。

》尽责性

作为一种性格因素，尽责性代表的就是字面上的意思。尽责性强的人总是勤勤恳恳，有条不紊，也值得人信赖。他们能够很好地控制自己的冲动，更愿意为了考试而学习，总是提前做好计划，甚至比一般人更爱整理床铺。这样的人在学校里的成绩通常很好，在工作上更成功，身体更健康，寿命也更长。但是，与此同时，他们也更顽固一些，更容易沉迷某种事中不可自拔。

尽责性弱的人比较冲动、邋遢，不愿意未雨绸缪。他们在学校和工作中的表现常常都很差劲，更可能染上吸烟、物质滥用等不健康的坏习惯，饮食和健身习惯也更差。这样的人更容易沉溺于高风险的行为，比如在恋爱关系中脚踏几只船。赌徒和罪犯的尽责性得分通常都很低。

每个人大约有50%的性格由基因决定。

开放性高的人更有可能接受文身。

虽然尽责性太高未必是件好事，但是一般来说，尽责性高的人拥有更加平顺、健康、成功的人生。

有时候你无法通过外表来判断一个人的性格。

»外向性

卡尔·荣格向公众普及了“外向”和“内向”的概念，直到今天，人们依然经常使用这两个词来描述截然相反的两个性格特质。

今天，大部分心理学家认为外向性是一种衡量标准，沉默的孤独者在量表的这头，爱玩闹的聚会动物在另一头。外向性高的人享受别人的关注，情绪也比常人更加丰富。（在一项实验中，研究人员分别给外向性高的人和外向性低的人观看宠物图片，同时对他们进行MRI扫描。结果发现，外向性高的人脑部活动更加频繁。）他们通常活跃、健谈，更容易与异性搭讪，在工作中也更倾向于充当领导者的角色。而外向性低的人通常比较安静、孤僻，情绪也比较压抑。

虽然外向性高的人更爱社交，但有时候却不太好相处。他们可能争强好胜，缺乏亲和力，而且更有可能为了寻求刺激而无视个人的安稳。一项研究表明，外向者更容易出车祸，因为他们爱开快车，还喜欢一边开车一边听音乐。

内向的性格也有优点：内向者可能更容易听进去别人的意见，他们可以很好地独自完成

外向者享受别人的关注，他们通常活跃健谈，有时候甚至会走极端，就像这张照片里展现的一样。

工作，更擅长经过深思熟虑后找解决方案。美国前总统比尔·克林顿以外向著称，但众所周知，另一位总统亚伯拉罕·林肯就非常内向。内向者完全可以取得和外向者一样的成就，因为他们拥有独立、慎思、冷静、镇定的特质，可以平衡性格上的其他不足。阿尔伯特·爱因斯坦、艾萨克·牛顿、T.S.艾略特、比尔·盖茨和J.K.罗琳都是内向者。

创造力强的内向者在安静孤独的环境中才能发挥最大的潜能。创业者在不受外界影响时工作效率更高，更容易找到新的方向。

从内向到外向的逐步过渡

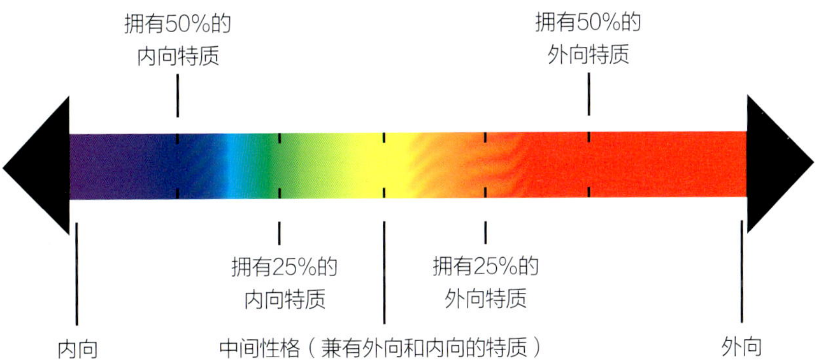

不过有时候，公众的关注对内向者来说也不一定是坏事。梅丽尔·斯特里普和哈里森·福特都是著名的内向者，他们在享受明星风光的同时，依然保持着安静的私人生活。

»亲和性

和尽责性一样，亲和性代表的也是字面上的意思。亲和性高的人易于相处、富有同情心、值得信赖、谦逊平和。他们会尽量避免冲突和敌意，对别人的感受十分敏感。这样的人愿意替别人说好话，乐于把东西借给有需要的朋友，常常抚慰有烦恼的人。亲和性高的人更有可能向慈善组织捐款，而且他们擅长团队合作，很容易成为成功的政治家。从事志愿工作的人通常同时拥有高亲和性和高外向性的性格特质。

亲和性高的人易于相处、值得信赖。

聚 焦

有趣的人

很少有什么人的曝光度能超过单口喜剧演员。他们不光需要自己创作表演的内容，还得亲自在观众面前表演，而观众会用笑声或嘘声给出即时的反馈。2009年，两位心理学家发表了一项研究，他们评估了喜剧演员的五大性格特质——得到的结果有些出人意料。

可以预见，喜剧演员的开放性得分很高。在这个方面，他们的表现和其他演员、作家十分相似：总是充满创意，乐意尝试新想法。但是，他们的尽责性得分却很低。这不奇怪，早有其他研究发现，尽责性低与辛辣讽刺的幽默风格具有相关性。和普通演员不同的是，单口喜剧演员的亲和性得分很低，这一点可能同样与讽刺和黑色幽默有关。最让人惊讶的是，这些受试者的神经质得分和普通人差不多，但外向性得分却低于平均水平。也就是说，典型的单口喜剧演员应该是个稳重且内向的人。

亲和性低的人可能冷漠、争强好胜、随时充满敌意。他们常常挑起争端，如果跟亲和性低的人一起生活，那么他可能常常会因为日常琐事摔门、高声争吵，随时随地握紧拳头。亲和性低的人上了年纪以后更容易罹患心血管疾病。

»神经质

五大性格特质中的“神经质”有时候又被叫作“情绪不稳定性”。如果你在神经质量表中的得分很低，那么说明你的情绪通常比较平稳，很少感觉到忧虑，生活中的琐事也不会带给你太大压力。

“人类可以通过改变想法来改变自己的生活。”

——心理学家 威廉·詹姆斯

而若是神经质的得分很高，你就总是忧心忡忡、情绪化、焦虑，对负面事件反应激烈，总是怀疑自己的能力和行为。神经质得分高的人很难建立稳固的恋爱关系，换工作也更加频繁。（请注意，神经质得分高并不等同于神经衰弱。对心理学家来说，“神经衰弱”是一种老式的说法，用于形容强迫症之类的心理障碍。）

情绪不稳定性高的人更容易罹患恐惧症，他们喜欢冒险，容易疲劳，健康状况也不太好。矛盾的是，这样的人通常很关心自己的健康，却不太会保养身体，虽然他们经常去看医生。面对生活中的压力事件，例如爱人的去世，神经质得分高的人更可能出现情感创伤的问题。与此同时，他们还面临极高的抑郁症风险。

自控力有点儿像肌肉，使用之后，它也会疲劳。

那么，神经质得分高有什么好处吗？研究表明，评估问题和潜在的危险时，神经质得分略高的人可能表现得比其他人更加现实。看起来阳光开朗的人不一定是最理智的。

有的科学家相信，神经质得分高的人脑部的边缘系统（位于大脑下方的脑部结构，与情绪有关）更容易被激活。根据性格特质的不同，脑部的神经递质（在脑细胞间

神经质得分高的人更容易表现得情绪化、焦虑。

传递信息的化学物）水平也有所区别。比如，研究发现，喜欢跟着感觉走的人的体内的单胺氧化酶（MAO）浓度低于平均水平，这种酶的作用是分解神经递质。有的人喜欢在聚会上疯狂玩闹、喜欢开快车，或许正是因为脑子里的神经递质水平过高，所以他们才会做出危险的行为。

看清自己在人格图谱上的位置，能帮助你接受自己，进而改变自己。比如，如果你知道自己天生内向，或许就不必再强迫自己去参加盛大的聚会，而是学着欣赏内向带来的好处。如果你不喜欢离群索居的生活，那也应该明白，认识自己是提高自我的第一步。所有行为都是可以改变的。你可以弄清自己的天性，然后有意识地将它引向别的地方，每次改变一点点。

»继承而来的人格

人的性格来自哪里？大部分人认为，父母的抚育方式决定了你的性格：通过鼓励和批评，家庭慢慢铸就你的人格。但是，针对人格的研究却

如果你经常觉得压力很大，那可能是边缘系统过于活跃。

表明，性格很大程度上源自基因。针对双胞胎的研究证明了这一点。

同卵双胞胎相当罕见，大约只占新生儿的千分之三。从小分别在不同家庭中长大的同卵双胞胎更是稀少，但科学家努力寻找这样的人，试图从他们身上找到答案：天性和抚育方式，哪种因素对性格的影响更大？

请看一个著名的案例：吉姆双胞胎。1939年，这对双胞胎刚刚出生就被两个不同的家庭收养，直到1979年，兄弟俩（两个人都叫吉姆）才再次相聚。他们的外形十分相似，同样相似的还有他们的

出生顺序对成年后的性格几乎没有影响。

针对同卵双胞胎的研究表明，性格源自基因。

性格和人生经历。两个吉姆小时候都养过一只名叫托伊的狗；他们都结过两次婚，第一位妻子名叫琳达，第二位妻子叫贝蒂；两人都抽沙龙牌香烟，喝美乐啤酒；他们都是兼职治安官，喜欢在家做木工活儿，爱咬指甲，经常给妻子留下爱意浓浓的字条；两个吉姆各有一个儿子，其中一个名叫詹姆斯·阿兰，另一个叫詹姆斯·艾伦。标准化测试的结果证实了我们的主观观察：他们俩的性格特质的确十分相似。

两个吉姆的故事只是孤例，不能说明太多问题。但是，针对大量人口进行的研究证实了我们之前提出的观点：性格和智力很大程度上来自遗传。性格似乎看不见摸不着，只能通过大量行为细节和习惯才能体现，我们很难相信这样的特质竟然镌刻在基因里，但事实上，遗传的确决定了大约50%的性格差异。在不同家庭中长大的同卵双胞胎性格高度相似，与此同时，若是一个家庭领养了好几个小孩，那么他们的性格不会有太多相似之处，跟养父母也几乎毫无关系。

既然有50%的性格来自基因，这也意味着另外50%的性格由环境决定。大部分人都会同意，父母的养育方式塑造了我们的性格。然而出乎意料的是，科学研究并不支持这一假设。看起来，共同的环境似乎对基本的性格特质影响不大，所以我们才会看到，同一个家庭里收养的子女的性格基本毫无联系。出生顺序对成年后的性格也几乎没有影响。人们总觉得家里的老大性格专横、成就傲人，而最小的孩子总是不负责任、离经叛道，在家庭内部，情况或许真的如此，但是在更广阔的社会层面上来看，出生顺序无法决定人的性格或成就。比如，最大的孩子成绩不一定比弟弟妹妹更好。

那么，除了遗传以外，另外50%的性格到底由什么决定呢？我们仍不清楚。或许家庭以外的环境，例如同辈的伙伴，对性格有着重要的影响。或许很多微不足道的因素也对性格的形成有所贡献。又或许，我们对性格形成的机制依然不够了解。

»动机

性格特质引领着我们与世界互动，但我们也可以通过其他方法来理解自己的行为动机。每一个人都拥有自己的需求和欲望。这些动机通常并不明显，它驱动着我们向目标前进。

我们的动力来自基本的需求。从第一章中我们已经看到（第31页），在漫长的演化过程中，不同优先级的行为动机刻进了我们的基因里，

聚焦

靠不住的测试

心理学家、人力资源经理、检察官和其他许多专业人士都喜欢让别人做心理测试，以此判断对方是否适合某个特定职位，或者评判罪犯的神志是否清醒。但是，某些流行的心理测试可能只是打发时间的有趣消遣，几乎没有任何实用价值，其中包括罗夏墨迹测试和迈尔斯-布里格斯性格测试。

瑞士心理学家赫曼·罗夏设计的墨迹测试是一种经典的主观测试。受试者需要观看一张含义不明的抽象图片，然后做出自己的解释；测试者可以从中看出他的性格和隐藏的情绪。比如，如果你从图中看到了死去的父母，而另一个人看到了一朵花，那么你们的心理状态显然是不同的。听起来似乎很有道理，但实际上，这个测试毫无科学依据。它的主观性太强，从统计学上说毫无可靠性，所以最多能提供一些参考信息，却无法做出准确的判断。

应用更加广泛的迈尔斯-布里格斯性格测试（MBTI）也遭到了研究者的质疑。这套试卷的设计者是凯瑟琳·布里格斯和她的女儿伊莎贝尔·迈尔斯，她们俩都没有接受过科学训练，只是按照自己对卡尔·荣格人格理论的理解创造了MBTI。MBTI问卷用是非题把人分成16种类型，即内向/外向、直觉/感知、理性/情感、判断/理解的不同组合。批评者指出，问卷采用“是非题”的形式，对性格的分类也完全出于主观，因此人为地造成了“非此即彼”的伪二元性。按照这套测试，你要么外向，要么内向；要么倾向于判断，要么倾向于理解，没有任何中间地带。此外，MBTI经常出现前后矛盾的结果。多达50%的人在第二次测试时会得出与第一次不同的结果。这套试卷对职业倾向的判断也并不准确，虽然它一度风靡全世界的大小公司。职业咨询师很喜欢让人做MBTI测试，如果你真的做了这套题，别太当真就好。

与他人建立联系是人类的基本需求。

从最直接的身体、生理需求，到安全性需求，再到求偶繁衍的欲望。饥饿是一种动机，源自我们对食物的需求，它驱动我们去寻找食物，或者至少让我们非常想吃东西。成就也是一种动机，源自我们对成功的需求，或者证明自己能力的需求，它驱动我们去面对、征服有难度（但不是不可能）的挑战。

在最基本、最深的层面上，每个人都有两种原始的动机：我们总是希望得到自己想要的结果，同时避开不想要的结局。

人总是趋利避害的，这并不新鲜。但是，每个人趋利避害的程度并不相同，这与个人的性格特质有关。外向者可能更看重未来的收益，而神经质得分高的人则侧重于避免损失。

通过一次又一次的社会选择，我们会看清自己是更倾向于“趋利”，还是更侧重于“避害”。我们都知道，和他人建立联系，这是人类的基本需求；遭到拒绝会带来生理性的痛苦。为了建立联系，喜欢“趋利”的人可能会在聚会上搭讪陌生人，而倾向于“避害”的人会躲开同一位陌生人，只因为害怕遭到拒绝。对“趋利”和“避害”的不同侧重也会影响我们对社交场景的理解。

比如，一项研究要求受试者阅读一篇文章，文章描述了星期六晚上的一场聚会。然后，研究人员让受试者凭借记忆把这篇文章重新写一遍。倾向于趋利的人记住的主要是正面的人际互动，而喜欢避害的人写下的大部分都是负面的东西。

趋利和避害也会影响我们在亲密关系中的选择和得到的回报。有的人做出牺牲是为了取悦伴侣、巩固关系，而

有人会执着地追求成功。

有的人是为了避免冲突和失望，研究表明，前者对伴侣关系的满意度高于后者。

如果讨论的是追求人生目标，那么我们通常会把“趋利”和“避害”换成另外两个术语：“激励”和“抑制”。激励意味着追求正面的奖励，它的关键在于完成任务、达到目的、得到成长。激励导向者练习跑步可能是为了参加马拉松比赛。从另一方面来说，抑制的目的是预防出现负面的结果，它的关注点是安全、保险。抑制导向者开始跑步或许是为了预防疾病。寻找配偶时，激励导向者会积极寻找与自己相配的人，而抑制导向者会避开不般配的对象。

一般来说，追求内心欲望的人比追求外在欲望的人生活得更快乐。

根据每个人侧重的方向不同，成功和失败激发的情绪也各不相同。成功会让激励导向者感到快乐，失败会让他们沮丧；而抑制导向者面对成功十分冷静，面对失败则异常焦虑。所以，面对成功你作何反应？这可以帮助你大致判断自己的类型。如果某件事取得了成功，你是否感

觉欢欣鼓舞，精神振奋，兴奋不已？这是激励导向者的特质。从另一方面来说，如果你感觉解脱、轻松，或者没那么焦虑了，这说明你偏向于抑制导向。

文化也会影响你的情绪表现。集体文化氛围浓郁的东亚人更倾向于抑制导向。他们想预防失败，以免让家人和朋友失望。在个人文化气氛中长大的西方人普遍偏向于激励导向。他们更愿意追求成功和自我的提升。

激励和抑制的导向都能引领你走向成功，也都有可能带来失败。比如，强激励导向者不太可能遗漏应该做的事情，强抑制导向者发生计算错误的概率更低。想想看，如果这两种人坐在同一间教室里是什么情景？激励导向的学生渴求成功，他们可能会举手回答每一个问题，其中有的会答错，但大部分是对的；而抑制导向的同学比较警惕，他们只在有把握的时候才举手，所以，这样的学生不怎么犯错，但答对的问题也不多。了解自己的驱动倾向可以帮助你挑选最恰当的解题策略，让你的效率变得更高。

每个人对不同策略的敏感度也不相同。比如，在一项研究中，科学家给学生看了两个不同的场景，其中 个是激励导向的——早上8点半有一节好玩的心理课，所以你很早就起床了；另一个是抑制导向的——你想去上摄影课，所以推掉了同一时间的西班牙语课。随后研究者发现，激励导向的学生对于前一个场景记得更加清楚，而抑制导向的学生对后一个场景更加印象深刻。

一般来说，激励导向的人更快乐，解决问题时更有创意，不过一旦遭遇失败，他们也会更加失望。通过正面的奖励和暗示，你可以有意识地让自己或别人更加偏向于激励导向。孩子考了好成绩，那就带他看电影；考得坏也没有任何惩罚，这就是激励导向的做法。而若是考得好没奖励，

“人们常常低估人性的丰富程度。”

——心理学家 亚伯拉罕·马斯洛

了解自己的驱动力可以帮助你达成目标。

考坏了会被没收手机一周，那就是抑制导向。最后会发现，激励导向的孩子在学校里的表现可能优于抑制导向的。根据自身价值调整目标，这也是激励导向的一种。如果你发自内心地渴望某个项目获得成功，因为它反映了你的核心想法，那么你的表现可能优于那些为了完成任务而希望得到成功的人。

»临场表现和实际掌握

趋利和避害，或者说激励和抑制，这两种动力或许会驱使我们向着目标前进，但我们追求的是什么样的目标？它同样会影响我们的性格。一般来说，我们追求的要么是临场的表现，要么是实际的掌握。在学校里，你可以轻而易举地看到二者的区别：有的学生可能非常希望在考试中取得好成绩，但他的同桌却根本不在意成绩，因为他觉得自己掌握了相应的知识就足够了。追求临场表现的人希望让别人看到自己的能力，而追求实际掌握的人更看重自我满足。

好的表现和头衔会带来

“有些人很讨厌，你希望他专心聆听的时候，**他却总是喋喋不休。**”

——讽刺作家安布罗斯·贝尔斯

声望，世界就是如此，所以你很难坚持追求实际的掌握。无论如何，长期来看，追求实际掌握更可能带来成功。追求实际掌握的学生（“我希望从课堂上学到尽量多的东西”）可能更努力，遇到困难时更坚韧，学习时自控力更强，对信息的记忆也更棒。真正有需要的时候，他们更可能对外求助，与此同时，他们也不太容易气馁。举个例子，一项研究要求两组受试者阅读一段心理学文字，然后回答几个问题。第一组的目标是实际掌握：“你来这里是为了学习可能对你有用的新知识。”另一组的目标则是临场表现：“你来这里是为了在多项选择测试中取得好成绩，展示并证明你的能力。”然后每位受试者会分配到一位远程搭档，搭档会通过电脑对受试者做的题发表赞同或反对的意见。结果发现，搭档的反对意见较少影响以实际掌握为目标的受试者，最终他们的成绩优于另一组——与此相对，以临场表现为目标的受试者比较容易被负面的反馈拖累。

追求实际掌握的确是件好事，但如果你意不在此，也没有必要假装。如果你为了取悦别人而追求实际掌握，那么最后你的表现肯定不如那些发自内心追求目标的人。

»丰富多彩的动机

研究人类行为的学生总是试图定义人类的各种动机，并给它们命名。

大多数人认为，动机有生理层面，也有情绪层面，而且各种动机的强烈程度因人而异。调查了数千人以后，心理学家史蒂文·赖斯提出，我们每个人都有16种基本动机，它们主宰着我们的生活，一旦需求得到满足，我们就会本能地产生正面的感觉。这些动机

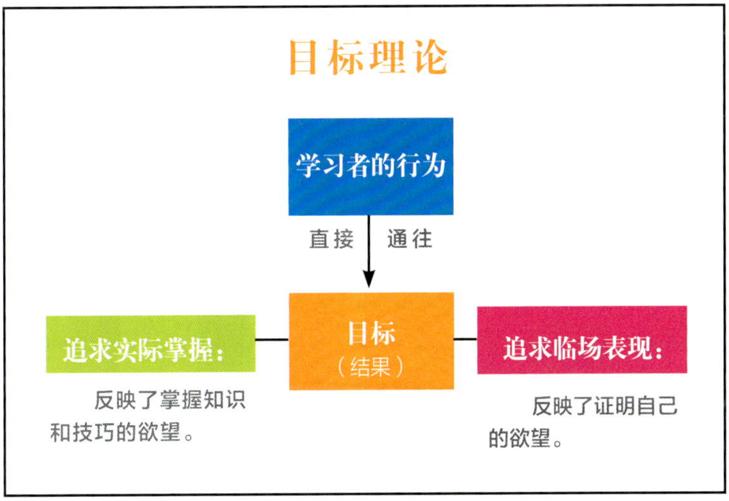

“我可以向你保证，我们谁也没想到，**他们竟会如此相似。**”

——心理学家 托马斯·布沙尔，双胞胎研究的领导者

包括：

- **力量**——对影响力的渴望。带来的感觉：富有成效
- **好奇**——对知识的渴望。带来的感觉：惊奇
- **独立**——对自主的渴望。带来的感觉：自由
- **地位**——对社会地位的渴望。带来的感觉：自尊
- **社会关系**——对同伴的渴望。带来的感觉：有趣
- **复仇**——对公平的渴望。带来的感觉：沉冤得雪
- **荣誉**——渴望遵循传统的道德规范。带来的感觉：忠诚
- **理想主义**——对社会进步的渴望。带来的感觉：怜悯
- **锻炼和运动**——渴望活动肌肉。带来的感觉：充满活力
- **浪漫**——对性的渴望。带来的感觉：性欲
- **家庭**——渴望抚养自己的孩子。带来的感觉：爱
- **秩序**——渴望一切井井有条。带来的感觉：安稳
- **进食**——对食物的渴望。带来的感觉：满足

- **赞同**——渴望被别人接受。带来的感觉：自信
- **安定**——渴望远离焦虑和恐惧。带来的感觉：安全、放松
- **节俭**——渴望搜集物品，勤俭节约。带来的感觉：拥有物主的身份

这些动机的重要性因人而异，就算是在同一个人身上，各种动机的优先级也会随环境而改变。每个人都在不断寻找最适合自己的平衡状态。格洛丽亚可能非常渴望社交互动，所以她和朋友玩了好几个小时以后才开始感觉厌倦；如果丹尼尔的社交需求比较低，那么他可能30分钟就烦了。于是他需要独处一会儿，来补充过度社交消耗的能量。按照赖斯的理论，这些欲望左右着我们的生活。我们总会注意到那些能满足欲望的事物，同时本能地避开那些不能满足欲望的东西。

“我在家的时候老想着工作，工作的时候又老想着家里。开车上下班的时候，我就不知道该想什么了！”

固有动机和外部动机

一般来说，追求内心欲望（固有动机）的人比追求外来欲望（外部动机）的人生活得更加幸福美满。

通过一个经典的问题，我们可以清晰地看到二者的区别——“你是为了生活而工作，还是为了工作而生活？”如果你勤奋工作是因为它让你的生命有了意义，那么你的动机来自内心；如果你工作只是为了赚生活费，那么你的动机来自外部。这套理论同样可以用来判断目标的本质，以及你追求这个目标的原因。比如，如果你追求的是钱或者吸引力，目的是在朋友面前证明自己，那么这本质上是个外部目标；如果你追求的是有意义的人生，或者至少与一个人建立亲密关系，因为你发自内心地对这件事感兴趣，那么这就是个固有目标。

常见的固有目标包括自我接受、归属感、社区感和健康的身体。与追求奖励、表扬等外部目标的人相比，固有目标的追求者会投入更多精力，最后的结果也更好。固有目标能带来更多的满足感，它迎合了我们与他人建立关系、独立自主、证明自己能力的需求。专注于追求这些目标的时候，我们的感觉更好。

外部目标包括财富上的成功、完美的形象及受欢迎程度。

这些目标都能带来丰厚的回报，但追求外部目标的人幸福感却很弱。就算证明了自己的能力，他们也不会产生太多的满足感，而且这样的人通常更加好胜，很难维持充满爱意的社会关系。

但是，和大多数人想的一样，我们描述的只是极端简化后的情况，实际上人类的动机比这复杂得多，还会随情况而改变。有时候，钱真的能买到快乐，比如，这笔钱能让你提前退休，所以你就有时间去做志愿者了，或者可以去画画。健身的时候，表扬和公开奖励可以提升我们的自信。无论在什么情况下，我们的动机既有外部的，也有内部的；欲望、情感和文化期望的复杂组合左右着我们的生活，塑造了我们的行为。

要想获得幸福，学会自我调节是最重要的事情之一。

坚持的力量

需求、欲望和动机从来不会整整齐齐地排成一行，带领我们奔向目标。我们每个人都有很多想要的东西，有时候这些东西甚至互相矛盾，而且其中某些东西可能并不健康。有时候，要达成某个有价值的目标，得到更好的远期结果，你必须压抑一些近在眼前的欲望。

我们来看一看“棉花糖实验”，1970年，美国斯坦福大学的研究者首次完成了这项研究。这个“延迟满足”的

保持良好的个人形象是一个外部目标，希望获得财务上的成功、希望受到大家的欢迎，同样也是外部目标。

经典实验带来了一些出人意料的长期影响。在最初的测试中，实验者让孩子（4岁、5岁或6岁）单独待在房间里，并在屋子里留下棉花糖或其他零食。他们告诉孩子，你可以吃掉零食，但是如果能够坚持15分钟不吃的话，就再给你一份。

面对诱惑，有的孩子马上就把棉花糖吃掉了，但大部分孩子坚持了至少一小会儿。他们不安地扭来扭去，眼睛乱转，可怜巴巴地闻着棉花糖的味道，甚至试图拉扯自己的辫子来转移注意力。最后，大约有三分之一的孩子坚持了15分钟，拿到了奖励。

后来的追踪研究得到的结果十分有趣。擅长延迟满足的孩子在美国高考中的表现更好，而且比其他孩子更健康、更受欢迎。通过脑部扫描，我们甚至发现，自控力强的人前额叶皮质更加活跃。

自控力有时候又被称为“自我调节的能力”，或者更简单来说，就是“意志力”。如果眼前的近期目标与未来

聚焦

蓝图

探索人类动机的时候，我们的眼光是否应该局限于个人的性格特质、需求和动机？除此以外，我们是否还应考虑人类的生理基础和文化影响？

研究者肯·谢尔顿和他的同事提出了影响人类行为的整体蓝图，从最基础的层面开始。这套系统将人类的性格和动机分为不同的层次，从中我们可以看到，从化学层面到文化层面，各种因素如何彼此影响，共同决定我们的行为。

层级分析（相关学科）

文化（社会学，人类学）

社会关系（社会心理学）

性格（人格/临床心理学）

认知（认知心理学）

脑/神经系统（神经科学）

器官组织（医学，生物学）

细胞（微生物学）

分子（化学）

原子（物理学）

上方的层级离不开下方层级的支撑（要是没有脑，认知能力也无从谈起），与此同时，下方层级也会受到上方层级的影响（认知也会改变你的脑）。

比如，一名男子打算结婚。这个决定可能源自基因深处的求偶冲动和繁衍冲动。在他做出决策的那一刻，激素和神经递质会影响脑部运作，脑子里的认知程序开始评估婚姻可能带来的得失，与此同时，还得考虑他所在的社会群体的风俗与文化方面的惯例。这类影响是双向的。举个例子，文化会影响社会规则，动机又会修正认知。

某些层面比其他层面更加重要。我们之所以想吃晚饭，最重要的原因是生理需求；但是，如果你决定为流浪者捐献食物，那么影响决策的主要因素则是性格和社会关系。

问问你自己

你的自控力水平如何?

“我能抗拒一切，除了诱惑。”这句话出自奥斯卡·王尔德笔下的人物达林顿勋爵。那么你呢？你拥有多少意志力？

请阅读以下 10 句话，并按照提示为自己打分：

1. 我总是很难改掉坏习惯。
（1= 我就是这样，2= 非常像我，3= 很像我，4= 有点儿像我，5= 完全不像我）

2. 我很容易分心。
（1= 我就是这样，2= 非常像我，3= 很像我，4= 有点儿像我，5= 完全不像我）

3. 我会说不合适的话。
（1= 我就是这样，2= 非常像我，3= 很像我，4= 有点儿像我，5= 完全不像我）

4. 我无法拒绝对我不利的事情，如果它很有趣的话。
（1= 我就是这样，2= 非常像我，3= 很像我，4= 有点儿像我，5= 完全不像我）

5. 我不擅长抵御诱惑。
（1= 我就是这样，2= 非常像我，3= 很像我，4= 有点儿像我，5= 完全不像我）

6. 别人都说我自律性不强。
（1= 我就是这样，2= 非常像我，3= 很像我，4= 有点儿像我，5= 完全不像我）

7. 有时候我会因为贪玩而耽误工作。
（1= 我就是这样，2= 非常像我，3= 很像我，4= 有点儿像我，5= 完全不像我）

8. 我总会做一些当时感觉良好、事后却感觉后悔的事情。
（1= 我就是这样，2= 非常像我，3= 很像我，4= 有点儿像我，5= 完全不像我）

9. 有时候我会不由自主地去做某件事，哪怕我知道那不对。
（1= 我就是这样，2= 非常像我，3= 很像我，4= 有点儿像我，5= 完全不像我）

10. 我常常在没有考虑清楚的情况下贸然行动。
（1= 我就是这样，2= 非常像我，3= 很像我，4= 有点儿像我，5= 完全不像我）

把每道题的分数相加，然后除以 10。最高分是 5 分（自控力极强），最低分是 1 分（完全没有自控力）。

更有价值的远期目标发生冲突，自控力发挥作用的时刻就来了。它帮助我们战胜自己的情绪，克服某些想法和冲动，抑制短视的行为。要想获得幸福，学会自我调节是最重要的事情之一；自控力与性格特质中的尽责性密切相关。擅长自我调节的人更健康，在学校里表现得更好，工作更加出色，私人关系也更融洽美满。自我调节能力差的人的犯罪概率更高，而且也更可能滥用药物或酗酒。

自我调节牵涉到一些典型的过程。首先，你设立一个标准：某个目标，或者希望达到的状态。然后，你开始审视自己的行为：我有没有严格控制饮食？接下来，你调动自我调节能力，或者说意志力：这周我不吃甜品了。然后你列出自己的动机：我真的很想减肥，这样我会感觉好一些。

»损耗

你刚刚辛苦工作了12个小时，完成了一个又一个艰难的任务，只为了赶上苛刻的截止时间。回到家里的时候，你

“如果没有干扰，我会一直在脑子里想同一件事情。”

——数学家 安德鲁·怀尔斯，证明某个定理时

实在不想吃寡淡无味的减肥餐了。这样的时刻，正适合窝在沙发上来一桶冰淇淋。

我们大家都知道，有时候自控力就像肌肉。经过锻炼以后，它会疲劳，无法继续正常工作。自我调节的精神力量似乎是一种有限的资源，一旦耗尽，我们只能等待它慢慢恢复。而且，这种资源无法分类存放——你不能说，这份自控力用来节食，那份用来维持恋爱关系。所有行为需要的自控力都来自同一个精神上的“资源库”，如果它被某个挑战耗尽，那么在一段时间里，你就没有自控力可用了。

研究者通过各种巧妙的试验验证了这一点。在一项实验中，饥饿的受试者得到了一碗萝卜和少量巧克力。他们告诉一组受试者，你可以吃萝卜，但不能吃巧克力（这需要自控力）；而另一组受试者可以随意选择。然后，实验者要求两组受试者做一道解图题，这道题实际上无解。结果表明，之前只能吃萝卜的那组放弃的速度比另一组快得多，因为自律已经将他们的自控力消耗殆尽。

在另一项相似的试验中，受试者被随机分配到两个任务中的一个——任务1比较困难，要求你在一段时间内不准想到北极熊；任务2比较容易，只是做一道简单的算术题——然后，所有受试者都能得到啤酒。结果，刚刚完成了任务1的

受试者会喝掉更多啤酒，这说明他们的自控力变弱了。

自控力的损耗会带来各种不良后果：出轨、暴食、酗酒，甚至包括过多透露私人信息。一旦意志力耗尽，自尊心较低的人甚至会做出比平时更差的自我评价。

除此以外，自控力还会影响生活的其他方面。要想建立健康的社会关系，那么参与到关系中的每一个人都必须拥有一定程度的自控力。一旦意志力耗尽，你很难抵御充满诱惑但有害的行为。

举个例子：一项研究调查了处于稳定关系中的异性恋人群，结果发现，自我调节能力低的时候，他们会花更多时间看杂志上衣着暴露的异性照片。“累的时候不要谈私人问题”，这样的老生常谈似乎也有其道理。自控力低的时候，你更容易陷入争执，更容易提出分手，也更容易滋生怨恨。自控力低的人更有可能出轨、撒谎，与此同时，他们表达感谢的概率也会降低。

毅力是通往成功的关键因素。

某些人似乎需要很强的自控力才能抑制种族偏见。研究者比较了种族偏见强弱不同的白人与黑人受试者互动时的情况。互动结束后，偏见较强的受试者自控力降低得更多。显然，努力抑制自己的偏见让他们精神上感到疲惫。

好消息是，这种“掏空”的状态是可以避免的。实际上，与其说自控力耗尽会让你什么都干不了，不如说它会让你的动机发生改变。控制自我需要大量精神资源，你得集中注意力，不让自己的思绪飘得太远，与此同时，被推迟的奖励可能看起来遥遥无期。如果消耗的意志力过多，我们的脑子会本能地绕开令人疲惫的自控任务，转而去做更简单的工作，去追求更加触手可

“这份超级美味的意大利拼盘配有您选择的愧疚、悔恨或反抗。”

及的奖励。要克服这种疲惫，你可以向自己灌输坚定的信念，“我可以继续坚持”。研究表明，面对艰难的任务时，与那些相信意志力会耗尽的人相比，给自己打气、告诉自己意志力无穷的人会发挥得更好。事实上，你越相信意志力是有限的，你在日常生活中的自我调节能力就越差。

如果自控力的机制真的和肌肉一样，那我们能不能通过锻炼让它变得更加强壮？有的研究表明，答案是肯定的。

事实上，锻炼身体的同时，你“精神上的肌肉”也会得到增强，因为“锻炼”的行为本身会稳定地消耗意志力。让习惯久坐的人去两个月健身房，与对照组相比，他们的自我调节能力也会出现显著提升。此外，这组受试者还报告称，他们吸烟饮酒的情况有所改善，开销更有节制，甚至在处理家务琐事时也更用心。另一项研究表明，仅仅两周的自控力练习（比如注意保持姿态、控制饮食和情绪）就足以提升你的自我调节能力。

身体的疲劳可以通过休息来恢复，自控力也一样。熬过漫长的白天，人们在夜间的自我调节能力会减弱；经过一个周末的休息，周一你的意志力又会重新恢复。除此以外，积极的情绪也能增强自控力，例如一部有趣电影带来的愉悦，或是自我肯定带来的满足感。强烈的驱动也能抵消意志力的疲劳。如果完成任务能拿到钱，或者知道自己是在为公益事业作贡献，人们就能克服疲劳的影响，表现得更好。比如，美国宾夕法尼亚州每年都会举行长达46小时的马拉松舞会，学生们不眠不休，为儿童癌症研究项目筹集数百万美元的善款。平时这些学生老是坐在电脑前面不肯动一下，然而在募捐活动中，有同伴的陪伴，有康

自我调节能力是可以习得的，也可以通过练习得到提升。

复的孩子及其父母的鼓舞，他们却能接连跳上整整两天。

»损耗毅力

查尔斯·达尔文提出的自然选择论的确是个天才的观点，但他同样花了20多年的时间来精雕细琢自己的作品。为了寻找合用的灯丝，托马斯·爱迪生尝试了6000多种材料，终于找到了最合适的那种（正好验证了他自己说过的那句名言："天才就是1%的灵感加上99%的汗水"）。

要获得学业或工作上的成功，毅力或者说坚韧不拔的特质是不可或缺的关键因素。它和智力一样重要，却常常被人们忽视。1926年，美国心理学家凯瑟琳·考克斯在一篇论文中描述了天才的精神特质，她提出，智商并不是成功的决定性因素，恰恰相反，"坚定的目标，坚持不懈的努力，相信自己的能力，以及伟大的性格力量"，这些因素才能决定你一生的成就。

一名学生是否能读到高中毕业，毅力是个关键性的因素。一项研究调查了芝加哥公立学校里的4813名高中新生，结果发现，毅力决定了他们的毕业率，哪怕排除其他因素（例如父母和老师的支持、标准化考试分数以及人口统计学上的区别）的影响以后，情况依然如此。

如果一个人自控力很强，我们就会说他很有毅力。他会

超乎寻常的毅力支撑着戴安娜·耐德从古巴游到了美国佛罗里达。

坚持不懈地克服困难，达成一个遥远的目标。不过，毅力强的人通常拥有一个非常坚定的长期目标，而且他们并不是在日常生活中的每一个方面都拥有很强的自控力。比如，欧内斯特·海明威写出了许多脍炙人口的小说和短篇故事，但他却沉迷于饮酒和女色，喜欢和野牛一起纵情奔驰。

毅力强的人会把终极目标分解成一连串的小目标，然后向着最后的胜利努力前进。如果中间遇到阻挠，他们总会想出办法克服或者绕过去。

毅力与性格特质中的尽责性有一定的重叠，但二者仍有区别。尽责性强的人也许十分可靠，自控力很强，但可能没有一个持续多年的终极目标。

»持续一生的毅力

在人生的大部分舞台上，毅力都是个有利因素。比如，如果手下人频繁辞职，那么雇主在招聘时可能就得考虑多招一些有毅力的人。一项针对数百位分时度假项目销售代表的研究发现，毅力强的雇员更可能保住自己的工作。与工作年限相比，依照毅力的强弱来判断是否留职的准确性更高。

我们还能通过毅力来推测某个人能否熬过高强度的军事训练。军队里的特训以残酷著称，在第一个24小时里，就有大约一半的人选择放弃。毅力强的人更容易熬过特训，体格和智力的重要性反而退居其后。要预测某位学生能不能留在西点军校里，毅力也是个良好的判断指标——比美国高考成绩、高中时的分数和自控力更加有效。

毅力对两性关系也有好处，但男女之间有着微妙的差别。一项大规模研究证明，与其他人格特质相比，毅力对结婚和维持婚姻关系的作用更大。但是，这一点只适用于男性。对女性而言，毅力和婚姻状态没什么关系。

我们能不能培养自己或

聚焦

练习成就完美

笑话虽老，蕴含的道理却亘古不变。

“你是怎么进入卡内基大厅的？”

“练习，练习，再练习。”

在残酷的全美拼字比赛中，我们更能清晰地看到这个老笑话的内涵。在2006年的拼字比赛中，心理学家对190名决赛选手进行了追踪调查，试图确定三种训练方法中的哪一种最为成功：是阅读或游戏之类的休闲活动，还是父母或电脑出题考试，又或是个人独自专心练习拼字和词源。

最后发现，独自专心练习最为有效，虽然它是三种方法里最枯燥无趣的，但是，使用这种方法的孩子在拼字比赛中取得的成绩最好。参赛之前的三年里，每一个孩子都花了数百个小时来钻研单词。

研究者发现，坚持和毅力深植在这些参赛者的内心之中。如果被问到是否同意“困难无法阻挡我”这样的问题，赞同程度最高的学生最有可能坚持不懈地练习。

孩子的毅力？这个问题还没有定论，但有的研究者相信，培养以成长为导向的思维方式，对于增强毅力至关重要。思维固化的人相信他们的能力和结果都是天生的，不可更改。面对困难他们可能会想，“我是个失败者”，或者“他不会让我赢的”。而思维方式富有成长性的人则相信，自己能够从错误中学习，下次一定会做得更好。出于这个原因，很多心理学家建议，不要表扬孩子天生的智力（例如“噢，你真聪明”），而应该表扬他们的坚持（“你这么努力，我真为你骄傲”）。

尽责性强的人愿意为考试而复习，习惯整理床铺，遇事总是提前做好计划。

最后，研究者安吉拉·达克沃斯指出，传统的教育体系鼓励学生博学多才，全面发展，但实际上，这种方法可能不利于培养真正的人才。“本杰明·富兰克林曾经表示过，”她写道，“教育的目标不光是什么都懂一点，也要有某方面的专精。”

我们的大部分人生是由生理基础决定的。从某种程度上说，我们的性格、动机和解决问题达成目标的方式都是天生的。但是，这并不意味着这些特质不可更改。一旦我们看清自己的性格特质、典型动机和控制自身行为的能力，那就能有意识地扬长避短。酋长岩不是谁都能爬上去的，或许你也根本不想爬，但我们每一个人都能够调整动机、发挥毅力，攀上自己生命中的最高峰。

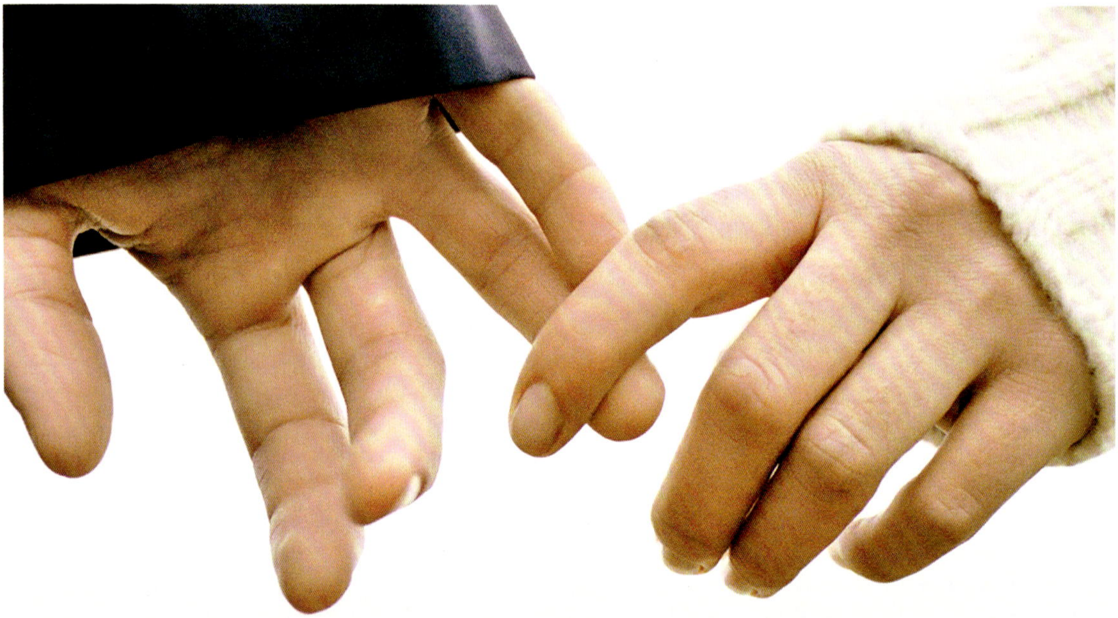

父母可以通过表扬孩子的坚持不懈来培养他们的毅力。

>>第三部分

意识与心理健康

我们通过复杂的心理过程与外界互动，这套系统会保护我们，但有时候，它也可能出错。在日常生活中，每个人总会有焦虑和情绪化的时候，甚至偶尔会出现比较严重的混乱和自我怀疑。某些情况下，这些负面的心理因素会破坏我们丰富多彩的生活。在最后的这几章里，我们将学习一些简单实用的方法，帮助自己重回正轨，保持心理健康。心理学家逐渐认识到，通过自然的力量和简单的干预，我们可以找回感恩与包容的心态，保持积极、正面的情绪，最终找到属于自己的幸福。

» 第七章 «

健康、患病及中间状态

橄榄球星里基·威廉姆斯拥有自信的资本：在美国得克萨斯大学求学时，他就赢得了海斯曼奖，这是美国大学橄榄球员梦寐以求的最高荣誉。接下来，他成为了一名职业的橄榄球运动员，先后效力于新奥尔良圣徒队和迈阿密海豚队。但是，球迷和媒体却开始嘲笑他，说他是个怪人。

威廉姆斯不愿意跟别人来往，无论是队友、观众还是记者一概拒绝。他接受采访时总是戴着头盔，保护面罩也总是遮得严严实实。在违禁药物检测中，他多次被检出阳性结果。

“被奥尔良队选中的时候，我的情况已经十分严重。当时我完全不想出门，哪儿都不想去，连杂货店都不愿意去，更别说约会。”这位橄榄球星回忆道。接受治疗之前，威廉姆斯完全不知道自己为什么会这样。疗程开始后，他才明白，自己患有社交恐惧障碍症，外人的审视会让他感到极度焦虑。听到这个消息，他反而松了口气。“确诊为社交恐惧障碍症以后，我感觉如释重负，因为总算找到了痛苦的源头。我没疯，也不是怪物，多年来的恐惧一下子烟消云散。”威廉姆斯说。

这位球星的确没疯，但我们也不能说他是个健康人。和许多人一样，某种疾病虽然并没有摧毁他的生活，但一直困扰着他。好在他得到了正确的诊断和对症的治疗，于是恢复了健康。21 世纪的心理学家通过生理学和社会学研究找到了一些行之有效的治疗方法，帮助人们改善心理疾病。从认知疗法到人人都能做的简单家庭练习，这些治疗手段可以帮助我们过上更快乐、更满足的生活。

不太健康还是非常健康？

如果我们将“心理健康”定义为没有严重的精神

问问自己

你的心理状态有多健康？

心理健康不仅仅意味着没有严重疾病，还需要有积极向上的信念、良好的习惯和人际关系来滋润你的精神之花，而不是任由它慢慢枯萎。从这个角度来说，你的心理到底有多健康？请用“是”或“否”回答下面的问题（摘自美国埃默里大学心理学家科里 · 凯斯的调查问卷）。

>> 你是否：

1. 通常心情很好，幸福快乐，平静安宁，对生活相当满足
2. 对生活整体感觉幸福或满足
3. 对自己和自己的人生经历持有正面的看法，接受自己的方方面面
4. 对别人的看法也很积极，可以接受别人的不同之处和复杂性
5. 了解自己的潜力，对新的体验和挑战抱有开放的心态
6. 相信社群、社会和人都会向好的方向发展
7. 拥有目标和信仰，生活也因此拥有了方向感，让你觉得生命是有目的、有意义的
8. 觉得自己的生命对社会有用，对别人有价值
9. 拥有掌控复杂环境的能力，也能根据自己的需求改造环境
10. 对社会和社交生活感兴趣，觉得社会和文化有规律可循，自有其意义
11. 内心遵循能被社会认可的个人规范，有能力规避讨厌的社会压力
12. 拥有温暖、满足的私人关系，有同理心，能与人亲近
13. 觉得自己能从周围的社区里获得支持

“是”的数量越多，你的心理就越健康；如果肯定的回答超过 6 个，那么你的心理非常健康。

疾病，那么大部分人的心理状态都算健康。无论在哪一年，4 个美国成年人里总有 3 个不会遇到任何病理性的心理障碍。每年罹患抑郁症或精神分裂之类严重精神疾病的人的比例只有 1/17。

在很长一段时间里，人们对心理健康的定义仅限于此：只要没病，就不用管它。心理学家主要关注的也是如何治疗那些严重的精神疾病，这样的倾向完全可以理解。但是现在，我们越来越清晰地认识到，心理健康不应局限于“没病就好”，而应该追求更高的目标：保持积极向上的情绪，提升社交质量。在 2000 年的美国公共卫生局局长报告中，心理健康被定义为“心理功能健全，带来高效的行动和令人满意的社交互动，能够适应变化、克服逆境”。

疾病有轻有重，心理健康也可以分为不太健康、比较健康和非常健康等许多等级。要知道某人是否患有某种心理疾病，我们可以观察他是否出现特定症状。同样地，我们也可

以通过人们的日常表现判断他们的心理健康情况。

比如，积极的自我评价和活跃的社交关系意味着良好的心理状态（见左页侧栏）。你的情绪、信念和行为越积极正面，你的心理就越健康。只要充分了解自己、明白自己能争取到哪些资源，几乎人人都能得到幸福。

心理非常健康、不太健康以及处于中间状态的人分别有多少？美国的一项全国性调查表明，大约 17% 的人心理不太健康，这些人很不快乐，对生活没有太多归属感；大部分人处于中间状态；约有 18% 的人心理非常健康：他们总是快快乐乐、积极向上、高效多产。这些幸运儿不光心理上更快乐，身体也比其他人健康。他们罹患慢性疾病的概率更小，去看医生的次数更少，因病请假的天数也更少。他们很少感到无助，意志比普通人更加坚定，与家人和朋友更亲密。

心理不太健康不一定意味着患有心理疾病，不过二者的确相关。换句话说，你的某些行为可能显得非常积极，但与此同时，你身上也会出现一些心理疾病的症状。但是，一般来说，心理越不健康，罹患心理疾病的概率就越大。在心理不太健康的人群中，大约 1/3 的人经历过比较严重的抑郁期；相比之下，心理非常健康的人的抑郁概率只有 5%。而且，心理不健康者中有 16% 左右的人患有某种恐惧症，而心理健康者罹患恐惧症的概率还不到 1%。

如果你患有某种心理疾病，但同时心理健康的整体水平还过得去，那么你也有可能保持相对较好的状态。

不出所料，同时罹患两种

心理健康与心理疾病的表征可能在同一个人身上同时出现。

心理疾病的人的心理健康状况比其他人更差。

影子综合征

凯特跌到了谷底。她神情忧郁，无精打采，什么事都没法让她开怀。从另一方面来说，她仍能完成工作，正常吃饭，按时参加健身课。那么，她的情况是临床意义上的抑郁症吗？

丹尼尔满怀忧虑。他担心自己的身体，担心工作，担心家庭。有时候焦虑让他夜不能寐，心乱如麻。但是，他很喜欢自己的工作，热爱和朋友交往，想看陌生的地方。那么他这算是焦虑障碍吗？

其实，心理疾病的诊断标准比较严苛，这两个人可能并没有罹患真正意义上的心理疾病。但是，他们遭受着实实在在的困扰，可能需要某种形式的帮助。和他们一样的人有很多，日常的心理问题困扰着很多人，但并未达到被诊断为疾病的标准。这些“影子综合征”会引发一些不健康的想法和行为，让你变得更加脆弱，更容易被严重的心理疾病击倒。

»避害

我们可以从很多角度审视自己的想法和行为，其中一种就是从动机出发，看看这个想法或行为的目的是趋利还是避害。趋利导向者专注于收获、成长、达成正面结果，而避害导向者看重损失和安全，会尽量避免失败。两种导向没有优劣之分，但避害导向有可能失控。

避开你害怕的东西，这样的反应非常自然，但也可能带来坏处。人们常说，“直面你的恐惧”，背后自有道理。

你越是逃避某样东西，它就越让你害怕；你越是害怕，就越是变本加厉地逃避，于是形成恶性循环。举个例子，如果你害怕开车从桥上经过，那

聚焦

诊断和争议

1952 年，《精神疾病诊断与统计手册》首次问世，到今天，它已经出到了第五个版本（DSM-V）。这本书的厚度接近 1000 页，它是诊断精神疾病的官方指南，全面描绘了所有精神疾病，从广场恐惧症到窥阴癖，应有尽有。对于每一种精神障碍，DSM 都列出了确切的症状（以及不应有的症状），还提供了一些其他的信息。

DSM-V 因为各方面的缺陷而饱受批评，其中下面这些方面遭受的抨击最为猛烈：

· 标准过于含糊。比如，判断创伤后应激障碍（PTSD）的方法有 636 120 种。

· 标准过于武断，缺乏科学依据。

· 对精神疾病的定义太宽泛，把很多常见的问题划入了疾病的范围。比如，这个版本的 DSM 中描述了破坏性情绪失调障碍（DMDD）：儿童反复发怒。

· 疾病的定义可能反映了条目撰写者的私心，比如，某些新增条目来自编撰者的研究领域，或者与他们的资助人有关的领域。

如何定义精神疾病？这个复杂的问题牵涉甚广，充满挑战，心理学家和其他相关人士一直为此争议不休。现行版本的 DSM 似乎不太可能终结这场争论。

么一开始，你可能只会避开那些很长的大桥。但回避的行为会助长脑子里的恐惧，你有充分的时间去发挥想象力：要是桥塌了怎么办？要是我开车过桥的时候晕过去了怎么办？恐惧不断滋长，你开始回避一些比较小的桥。（要是这座桥也会塌呢？）你不会注意到代表安全的信号，因为满脑子只顾着担心。你的思维可能一直停留在最糟糕的想象中，于是开车过桥总是带来非常恐怖的体验——对你而言。

如果回避的对象不光是某个地点或具体的事件，还包括不愉快的想法、感觉和内心的感受，那就形成了经验性回避。谁也不会主动寻求不舒服的感觉，一旦回避形成固定的流程，你会故意地、习惯成自然地试图控制或逃避某些自然的想法或感受。你花费大量时间和精力，努力想要控制内心的想法或思路，最终扭曲了自己的思维方式。这样的努力可能阻碍你达成目标，也让你远离日常生活中的快乐。回避行为本身造成的损害渐渐超过了那些不

你可以直面恐惧，平息内心的恐慌，而不是一味地逃避。

愉快的想法可能带来的坏处。

比如，你正在找一份新的工作，那么在面试时抑制焦虑的感觉很自然，而且有用。但是，如果你觉得面试带来的压力太大，所以不愿意再参加面试，又或者你说自己太害羞、太害怕，所以无法胜任需要有责任感的工作，那么这就变成有害的了。

抑制不受欢迎的想法、感觉和欲望，这样的尝试可能会造成反弹。举个相对温和的案例：巧克力观察实验。在一项研究中，研究者要求受试者记录自己的想法。他们要求1/3的人脑子里想着巧克力，另外1/3的人不要想巧克力，而剩下1/3的人没有任何限制，只要记录下脑子里的东西就行。然后，研究者要求受试者品尝巧克力，并为它的味道打分。不过，巧克力的口味并不是重点。研究者发现，实际上第二组想到

试试看

想都别想

20 世纪 80 年代，丹尼尔·韦格纳博士做了个经典的思维回避实验，你也可以尝试一下我们的这个版本：

>> 请阅读下面的段落。在阅读过程中，请尽量不要想到白熊。

“和其他许多仪式一样，握手的起源我们尚不清楚。在古巴比伦，统治者会握住圣像的手，象征着将神力传递给人类。不过，现代的握手目的十分明确：这是一种“一对一”的欢迎仪式，旨在表达开放的态度，让对方感到安全。更确切地说，它是一种男人之间的仪式。我们知道，几百年前，英国人用握手来表示‘我没有携带武器’。女人很少会带武器（或者说很少有人允许她们携带武器），很可能出于这个原因，握手的仪式直到很久以后才在女人之间通行起来。”

>> 在阅读过程中，你成功地回避了“白熊”的想法吗？如果没有，那么你觉得自己大概想到了几次？在类似的实验中，大部分读者的脑子里一直想着白熊。这样的结果告诉我们，有意识地不去想某样东西，其实相当于一直想着它。

巧克力的频率最高，而且他们吃下的巧克力比另外两组都多。看起来，抑制反而让欲望变得更强。

»有害的方面

有能力预见到危险的逼近，面对问题时审慎多思，高标准严要求……这些特质都是有益的，但前提是必须有所节制。若是不加限制，这样的思维模式可能反而有害，它会侵入我们的生活，让我们更容易患上心理疾病。

这类不合时宜的心理陷阱被称为“认知威胁”，这个奇怪的名字主要是描述一种对待任何威胁都如临大敌的倾向。认知威胁常常与恐惧症有关。比如，请想象一下，一只巨大的黑蜘蛛蹲在你面前，你可以

抵抗是徒劳的。

完美主义等有益的特质一旦过度，也会变得有害。

看清它的每一个细节：瘦长的腿，八只眼睛像珠子一样亮晶晶的。然后，再想象它正朝你冲过来。蜘蛛变得越来越大，你能听见它细碎的脚步声，看见它快要跳到你的手上。这两种场景，哪一个更吓人？是蹲在面前不动的蜘蛛，还是正朝你跑过来的那只？恐惧症患者一旦看到自己害怕的东西，就总觉得它正在逼近。焦虑者可能一直都有这样的感觉，许多日常的事情都让他们忧心忡忡，觉得大祸就要临头，于是恐惧和压力与日俱增。

认知融合是另一种思维陷阱。这里的“融合”是指分不清想象与现实。如果你无法清晰地认识到，你的想法和感觉其实只存在于自己的脑子里，并不是客观的真相，那么你就掉进了认知融合的陷阱中。“我永远无法获得幸福”，“大家都讨厌我”，或者“我很不擅长社交”，这都是认知融合的典型例子。这种不健康的思维模式会引起行为上的问题，比如，你会避开人群，或者不再做出积极正面的改变。

你可能在心理上局限于某个固定的角色，这也是认知融合的一种表现形式。比如，女性投入多年心力抚育孩子，于是她只剩下“母亲”这个角色，忘记了自己曾经拥有的其

他很多身份，例如专业人士，或者喜欢自由的冒险者。过去的身份也可能与现在的认知发生融合。如果你是家族里的叛逆者，或者在大学里十分活跃，这些特质可能不再适合你现在的生活，但你却很难摈弃它留下的影响。

幸运的是，针对这些令人困扰的思维方式，我们已经发展出了各种治疗手段。最开始可能只是简单地要求你与这些想法拉开距离，比如，把“我永远无法得到幸福”换成“我认为自己永远无法得到幸福”。通过这种方式，将你曾经深信不疑的信念转换为一时的想法，由此拉开距离，让你获得更加宽阔的视角，腾出足够的空间来迎接改变。治疗师可能还会带着客户做一些口头练习，帮助客户认识到，想法不等于事实。比如，他们可能会详细描述一张椅子，然后询问客户是不是愿意坐在上面。重点在于，心理上的体验和真实生活中的体验是两回事，但有时候，我们需要实实在在地感受到，才能真正理解这一点。根据我们的观察，这类“化解疗法”能够缓解工作压力，改善一系列的心理障碍，例如恐惧症或社交焦虑症。

回避会让恐惧一直停留在你的意识里。

“认知威胁”意味着你总觉得自己害怕的东西正在逼近你。

反思也是一种利弊参半的思维模式。请想象一下以下场景：你打算下班后和朋友共进晚餐，就在出发前，你打开了最后一封邮件。出人意料的是，邮箱里有一封上司写来的信。她告诉你，你在工作上犯了个大错，接下来的一周你得搞定这件事。然后你会怎么办？

1）你关掉笔记本电脑，出发去见朋友，享受了一顿愉快的晚餐。工作上的事情明天上班再说。

或者

2）你去见了朋友，但是晚餐的大部分时间你老想着那封邮件，想着你的老板，以及要弥补错误有多难。

遇到问题时，反思是难免的。但要是同一个念头总在脑子里打转，那么你的压力会越来越大，毫无疑问，这时候它就变成了一个有害的习惯。不断反思会带来压力，你的意识一直处于紧张状态，脑子里充满无意义的想法。研究表明，过度反思会让你的表现下降，因为你光顾着思考和担心，根本没有多余的精力处理手头的事情。过度反思还会增加抑郁、焦虑障碍、创伤后焦虑、酗酒和暴食的风险。

不过，反思也可能带来有益的结果。如果能够适当反思，搞清如何提高自己的表现，但不要过度执着，那么你就更有可能解决问题，顺利前进。对大部分人来说，过度的反思完全就是浪费时间，应该想办法克服。心理学家推荐了一些适用性较广的策略。比如，你应该审视自己的恐惧，弄清它的根源。可能出现的最差的结果是什么？你能处理这样的局面吗？（通常情况下，你会发现事情没有那么糟，其实你完全可以搞定。）搞清楚自己能改变哪些东西，然后放

试试看

说服自己“凑合就行”

如果你是某个核电厂的安全主管，那么完美主义或许是工作必需的特质。但对大多数人来说，只要尽力就好。通过下面的方法，我们可以控制有害的完美主义。

>> 设立切合实际的目标。仔细思考你设定的目标是否足够具体、可测量、可以达成？

>> 有大局观。或许你这周没有跑到 10 千米——但你至少坚持跑了，而且效果不错。

>> 聆听自己的内心。谨慎使用判断性的词语，例如“应该”“不该”或者“必须”。

>> 认清某些行为和信念。做完工作以后你是不是经常反复检查？你是否会回避新的挑战，仅仅因为你觉得要是失败了，别人肯定会说三道四？

>> 培养新习惯。给自己设立具体的任务：今晚我要关掉电脑，好好休息一个晚上，所有工作明天再说。

>> 检查结果。你的新行为有没有带来灾难？你的感觉是变好了还是变差了？

“应该”
“不该”
“必须”

弃无法控制的因素。休息一下，放空大脑，做做运动，或者安排一些别的减压活动。

完美主义也是一柄双刃剑。无论在哪种文化中，完美主义都意味着更大的希望、更高的标准和更棒的组织协调能力。但是，如果不能达到心目中的高标准，完美主义者会严厉地责备自己，用负面情绪将自己淹没。自我要求过于严苛可能导致抑郁，带来愧疚感，造成拖延症或导致药物滥用。

以下三种完美主义可能是有害的：

- **针对自己的完美主义：**为自己设立脱离现实的高标准，并以严苛的态度来评判结果。
- **针对别人的完美主义：**为别人设立脱离现实的高标准。这样的完美主义者总是对别人充满敌意，缺乏对人的信任。
- **假想的社会完美主义：**认为别人会以极高的标准来要求自己，因此害怕遭到别人的批评。这样的人会花费很多精力来回避负面的评价。

如果运用得当，完美主义可以是一种正面的特质。若能在追求完美的同时清楚地认识到谁都会犯错这个事情，那么最后常常能得到更加满意的结果。

» 情绪控制

疲乏的孩子对父亲提出要求，要大人抱。当爹的怒气冲冲大吼大叫，还扇了孩子一巴掌。孩子大哭起来，父亲满怀愧疚。

一群朋友聚集在餐馆里庆祝某人订婚，突然有个人哭着从桌边跑开了，绝望的嫉妒情绪充斥在他胸口。

这些不幸的场景都源自情绪调节失控。正常情况下，我们可以修饰自己的情绪，以恰当的方式将它们表达出来。无论眼前的环境是好是坏，情绪会引领我们观察周围、评价事态、做出反应。在第一个例子里，失控的父亲原本有好几个机会控制自己的情绪：比如，孩子刚开始抱怨的时候，父亲刚开始考虑该怎么办的时候，以及他真正做出响应的

如果你在某个正常的场合下突然失控，那就是情绪调节机制出了问题。

62
МегаФон
BAUER
37
СОГАЗ
52

“担忧是在问题真正到来之前预付的利息。”

——作家 W.R.兰格

时候——他可以选择大声责骂孩子，让情况进一步恶化；也可以按捺怒火，安抚儿子，创造出一个平静的新局面。

这样的过程出现在每个人身上。我们调节情绪，化解尴尬的局面，纾解压力，让自己的精神变得更加强大。大部分人调整的不光是情绪和感觉，还有后续的行动。面对号啕大哭的孩子，我们极力抑制自己抽他耳光的冲动。朋友遇到喜事，我们笑脸相迎。需要控制的不光是负面的情绪。一项研究询问了人们过去两周内调节情绪的状况，受访者列出的主要是愤怒、悲伤和焦虑——但与此同时，人们也提到，有时候也需要抑制快乐和心动的感觉。

恰当有效的情绪调节是一种健康的习惯。情绪调节能力差，这是许多心理缺陷的主要特征，其中包括严重抑郁症、焦虑症、双相障碍、社交恐惧障碍和药物滥用。从另一方面来说，一直压抑自己的情绪也不是什么好事。这时候不妨站到客观的角度重新评估，比如，将自己从当事人的角色中抽离，拉开一定距离，以局外人的角度审视。孩子抱怨只是因为累，而你也很累。休息片刻之后，你们就会感觉好一些。

在冰上曲棍球运动中，控制情绪的优先级不高。

面对压力时，请暂停一下，重新评估局面。

愤怒的渐变谱系

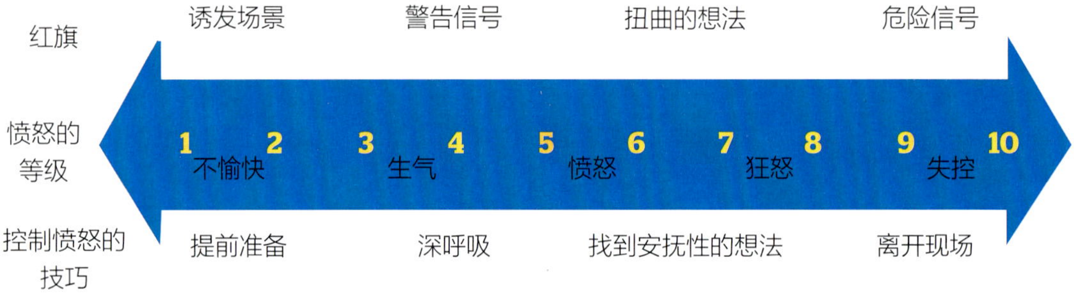

再评估还能让你重构局面，赋予它不同的情绪含义。举个例子，如果考砸了，你的第一反应或许是自怨自艾，觉得自己肯定要补考了。但是，通过再评估，你可以改变自己的情绪倾向。失败也有好的一面：现在你知道自己该学哪些东西了，所以你可以迎接挑战，获得新的知识。有了这样的态度，你完全可以重振旗鼓，让局面变得更好。擅长再评估的人总是更加乐观，与其他人的关系也更融洽。

一般来说，控制情绪、直面逆境的能力都是有益的。如果某个人经常说自己“受不了”或者“无法控制愧疚、愤怒、焦虑等负面情绪”，那么可能他产生情绪性痛苦的阈值更低。这样的人更容易遭受抑郁和焦虑的困扰，也更可能做出冒险行为或者对某样东西沉迷上瘾，而且一旦上瘾就很难戒除，戒掉了也很可能会再次上瘾。（在不伤害受试者的情况下，心理学家会如何评估你忍受痛苦的能力呢？他们会测量你憋气的时间，或者把手浸在冷水里的时间。）

要提高情绪性痛苦的阈值，自我意识是关键因素之一。避开痛苦，自我意识就会逐渐增强，而注意到这一点，你就更有能力做出恰当的回应，想出合适的解决方案。痛苦有时候也很有价值。跑马拉松的时候，你的脚踝越来越痛，这也许是身体在提醒你，再不停下来就会遭到永久性的损伤。我们的目标是理解痛苦，明白它代表的含义，由此判断是该坚持下去，还是应该放弃。

思维僵化也是生活中常见的一种心理功能失调。比如，你从小就学着尊重他人、待人有礼、克制怒火，这样的处事之道适用于大部分情况，但是，如果要处理一些棘手的关系，或是遇上一个冷漠的医生，那么你或许应该表现出适当的愤怒，直截了当地表达自己的需求和感受。

灵活使用不同的方法、调动不同的情绪以达成目标，平衡生活的方方面面，这都是积极健康的小技巧。如果你在周末也老想着工作的事情，或者过度执着于眼前的烦恼、无暇思考长期的目标，那么你的生活会变得非常狭隘。要是能在适当的时候专注于当下，要是能够放下工作，专心玩乐；要是能够暂时放开全局，转而关心细节，那么你的生活会变得更丰富、更有意义。从另一方面来说，僵化的态度会引起一些问题：它会增加你的压力，让你难以克服各种心理缺陷，例如社交焦虑或边缘性人格障碍。

超过阈值

很多人每天都在忧虑中挣扎，他们难以控制自己的情绪，而且思维僵化，但是，这些小问题还没发展成严格意义上的心理疾病。是什么让一个人跨过那条边界的？为什么在爆炸中幸存下来的士兵有4个，但其中只有一个得了创伤后应激障碍？简而言之，压力+弱点=心理疾病。

»压力

等式的第一项是压力。在生活中，我们每个人都会遇到压力。爱人的死亡，恋爱的终结，父母的冷暴力，目击可怕的

如果能够平衡生活中的各种需求，那么说明你的心理还没有僵化。

事故——这类事情都会给遭遇者带来巨大的压力。

压力也可能源于你自己。面对压力事件，如果你总是抱着负面的态度，觉得“杯子空了一半”，那么心理上的压力也会变得更大。有时候我们完全是自寻烦恼。比如，某位女性在母亲去世后变得抑郁消沉，情不自禁地疏远了自己的伴侣。这种情绪性的退缩可能导致婚姻破裂，使两人分居或离婚，这又会带来新的打击。

»弱点

弱点是等式的第二项，指的是那些更容易让你被心理问题侵袭的因素。弱点可能是生理性的，比如遗传性的焦虑或抑郁倾向；也可能是心理上的偏见或期望，已经存在的负面情绪，或者生活中的不良行为模式。

一般来说，等式左边的压力和弱点总是同时起效，但有时候，某个因素的影响力可能远大于另一个因素。在某些情况下，单独一个因素就足以造成心理疾病。比如，精神分裂症主要是由遗传决定的。在没有任何压力的情况下，人也可能发病。同理，就算你本来没什么弱点，天灾人祸等重大事件也足以引发创伤后应激障碍之类的心理疾病。

焦虑

心理疾病有多种不同的表现形式，但其中最常见的就是焦虑障碍。每年都有大约18%的美国人会出现严重的焦虑。焦虑障碍有许多症状，比如，害怕陌生人、无法控制地反复洗手，不过也有一些关键的普遍性特征。一般来说，焦虑是一种负面的情绪状态，伴有心跳过速、肌肉紧张、坐立不安、担心未来等生理性症状。严重焦虑者面对威胁时总是感觉无助，神经高度紧张，随时担心自己害怕的东西突然出现。

和其他心理问题一样，焦虑在演化史上有积极的意义，现在却成了件坏事儿。以前，面对掠食者、陌生人、风暴或者有毒的动物，紧张和焦虑会让你更积极地采取行动，所以你更容易活下来。到了今天，如果焦虑能让你奋发学习，或是在离家前仔细检查门有没有锁好，那么这是件好事儿，但过度的焦虑会带来问题。焦虑症患

如果你十分脆弱，那么一点点压力可能就会让你失控。

者可能因为恐惧而完全无法动弹，为了避开焦虑的场景，他们甚至不愿意离开屋子，或者拒绝认识新朋友。

»恐惧状态

谁都会有焦虑的时候：我能赶在截止日期之前完成任务吗？这个月有没有钱付账单？父母年事渐高，我该怎么办？通常情况下，一旦问题得到解决，或者遇到了什么高兴的事儿，这些忧虑就会渐渐散去。但对某些人来说，焦虑从不会消失。他们总是生活在恐惧中，随时随地神经紧张，坐立不安，浑身发抖，无法控制自己。各种糟糕的想象在脑子里挥之不去：要是我得了癌症怎么办？要是雨天我的车在路上失控了怎么办？他们晚上睡不着，白天也无法集中精神。最糟糕的是，他们找不到自己焦虑的确切原因，因此也无法缓解压力、消除焦虑。

如果这种状态持续6个月以上，那么你就可能被诊断为焦虑症（GAD）。GAD比普通的焦虑情绪严重得多，它可能会导致你什么都没法干，影响你的工作、恋爱关系和社交生活。焦虑症是最常见的焦虑障碍之一，人一生中罹患焦虑症的概率接近6%，很多焦虑症患者同时伴有抑郁情绪。

GAD患者对不确定性的事情容忍度很低。任何含糊不清的情况都会引发他们的担忧，在他们眼里，任何问题都可能带来威胁，而且他们缺乏自信，认为自己无法应对威胁。

于是，哪怕极小的问题也会让他们一直担心，这可能是为了逃避更重要的问题。与一般人相比，GAD患者更有可能认同这样的说法，“我为很多

聚焦

皮艇焦虑

1963年，心理学家扎克瑞·古叟记录了西格陵兰岛上因纽特海豹猎手中出现的一种奇怪心理疾病。这些猎手独自划着皮艇在清澈的水面上航行时，会突然头晕目眩，分不清方向。于是他们尽量停留在原地，不停地发抖，浑身冒汗，试图控制自己的情绪，哪怕心里越来越恐慌，之所以这样是因为他们坚定地认为，皮艇里灌满了水，正在往下沉。恐惧让猎手浑身瘫软，他可能会觉得水底或身后有什么东西在追赶自己。如果他能够控制住自己，继续划船，那么一到岸边，这些症状就会消失。很多猎手的这种症状会多次发作，于是他们再也不敢出海了。

这种现象被戏称为“皮艇焦虑”，现在人们认为，这是特定环境中产生的一种急性焦虑。它的典型症状非常符合急性焦虑的特征：发作迅速、头晕目眩、心跳加速、浑身冒汗、极度恐惧、患者会避免去到自己发作过的地方。急性焦虑的持续时间只有几分钟，但感觉上却十分漫长，大约600万美国人患有这种心理疾病。有的幸运儿一生中只会发作一次，而有的人则会反复发作，甚至影响工作和日常活动。

和其他一些焦虑类疾病一样，急性焦虑可能与脑部边缘神经系统有关，这片脑区负责处理情绪性刺激和恐惧。急性焦虑有些吓人，但完全可以治疗，通常需要心理咨询和药物治疗双管齐下。

“你肚子里的东西是被一个男孩挖掉的，如果现在能跟他聊聊，你想说什么？”

事情担忧，通过这种方式，我可以转移自己的注意力，不去想那些更容易导致情绪失控的事情。”如果你时时刻刻都在担心工作，这可能是为了不去想家庭关系中的问题。这种应对策略短期内很有效，但长期来看却并无益处，因为它最终会抑制当事者的行为和情绪。

和其他焦虑类疾病一样，焦虑症可能会自我强化。母亲担心女儿在朋友家过夜时会被绑架，那她可能一次次打电话询问。到了早上，女孩平平安安地回来了，但妈妈的情况会变得更加糟糕。因为看起来她的过激行为换回了好的结果，于是下次她会变本加厉。

大约600万美国人经历过急性焦虑。

»别看我

如果你害怕的是社交方面的一些事情——为了避免吸引别人的注意力，你总是躲得远远的——这可能是社交恐惧障碍，本章开头那位橄榄球员里基·威廉姆斯得的就是这种病。和其他焦虑类障碍一样，也许你已经出现了多种社

“我在聚会上的表现非常糟糕，我总是坐在角落里，**抓个人陪我说话。**”

——女演员 凯拉·奈特利

交焦虑的症状，但可能并未达到心理疾病的程度。对于第一次约会或上台演讲之类的事儿，大部分人或多或少都会有点焦虑。但是，真正的社交焦虑症患者情况更为严重：他们害怕很多社交情景——比如跟陌生人说话，或者在别人面前吃饭——持续至少6个月。所有这些情景可以归结于同一个焦虑的核心：害怕被别人发现自己隐藏的瑕疵，害怕遭到别人的批评和拒绝。

尽管这种心理障碍叫“社交焦虑”，但实际上，它与外人无关，纯粹只关乎你自己。社交焦虑者对自己的要求十分严格。他们希望给人留下好印象，却不相信自己能做到，因为他们总觉得自己很无趣，不聪明，笨手笨脚。他们认为自己的缺点比别人多。与此同时，他们还毫无理由地为自己设立很高的行为标准：“我必须表现得很聪明”或“一定要展现完美的风度”，又或者“不管别人问什么，我都知道答案”。他们还相信，任何失误都将招来严苛的批评：“如果我脸红了，他会觉得我是个大傻瓜。”

这种焦虑似乎会麻痹你的情感。一项研究要求受试者在一天中不定时地报告自己的感觉（通过便携设备），结果发现，社交焦虑者的正面情绪比一般人弱，哪怕在性行为过程中也同样如此。

社交焦虑者甚至会逃避有益的注意力。他们不喜欢被表扬，还会尽量避免公众评价。这是为什么呢？有一套理论是这样说的：人类是社会性动物，我们的祖先更是社会性动物。人类的先祖或许演化出了一套尽量不影响社会地位的

聚焦

可怕的社交场合

上台演讲时你会不会膝盖发抖？考试时会不会觉得紧张？如果有这些情况也别担心，你并不孤单。就算没有社交恐惧障碍（SAD），你也会害怕一些社交场合——但 SAD 患者害怕的场合要比一般人多得多。比如，SAD 患者中的大部分人都害怕在公众场合讲话，不敢见陌生人，也不敢跟权威者交谈。第 224 页的表格中列出了最常见的社交恐惧情况，以及它们在人的一生中出现的概率。

社交焦虑者总是努力避免吸引注意力。

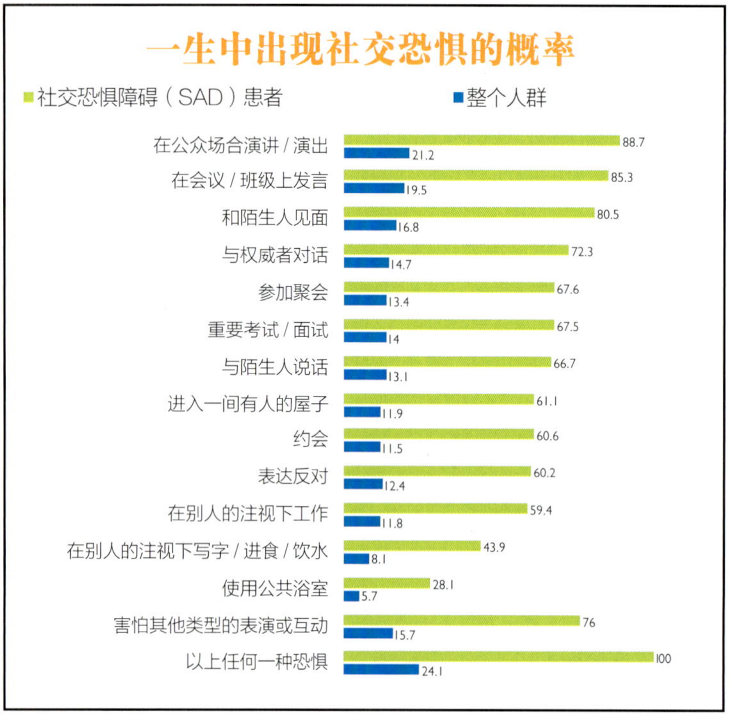

行为模式。如果你十分强大，或者达成了较高的成就，那么这可能威胁到团体中地位较高的成员，最终招来祸事。所以，安全的做法是保持低调，不招惹是非。

»创伤后应激障碍

2005年7月7日，英国女性丽莎·弗伦其在伦敦的塔维斯托克广场登上了一辆公交车，片刻之后，她被震耳欲聋的爆炸声惊醒，发现自己乘坐的公交车已经被恐怖分子炸毁。出事以后，丽莎再也不敢乘坐任何公共交通工具，甚至包括火车。后来，她因创伤后应激障碍（PTSD）而选择就医。在遭遇创伤或危险后，PTSD是一种很常见的反应。

我们的脑子演化出了一些机制，帮助我们铭记危险，并在将来尽量避开。但是，PTSD患者不光会记住危险，还会在脑子里不断重演当时的场景，不断体验那刻骨的恐惧。创伤性记忆不会随时间而淡去，反而不断困扰着他们。

PTSD的典型特征包括：

- **曾经遭遇创伤性事件。**你经历了一些可怕的事情，比如面临伤害或死亡的威胁。事故、虐待、地震、风暴或者爱人去世，这都是PTSD的典型诱因。你不一定亲身参与了这件事，只是作为听众和目击者就可能会出现PTSD反应。
- **反复回想起这件事。**闪回、噩梦、挥之不去的记忆萦

> **“下周一定不能出事，我的日程已经排满了。”**
>
> ——美国前国务卿 亨利·基辛格

绕在你心头，随之而来的还有恐惧以及由恐惧引发的生理反应——心跳加速、手心出汗。

- **回避。**你试图避开一切可能让你回想起那件事的东西。
- **想法和情绪出现有害的变化。**例如疏离感，对自己和世界抱有负面的态度，对曾经喜欢的东西失去兴趣。
- **极度敏感。**你可能很容易受惊或发怒，难以集中精神，总是感觉草木皆兵。

“911”恐怖袭击为PTSD研究提供了残酷但宝贵的数据。袭击发生后的两个月里，11.2%的纽约居民和4%的美国居民出现了PTSD症状。不出所料，离事故现场越近的人越容易出现PTSD。住在运河街（世贸中心附近）的人有20%出现了PTSD症状，在第一批赶往爆炸现场的救援者之中，超过6%的人报告称出现了PTSD。

不过，“911”研究也带来了希望。6个月后，首批救援者的PTSD症状已经完全消失，整个人群的情况也逐渐改善。人类的恢复能力很强，大约有一半的人一生中总会经历某些

“911”发生之后的几个月内，大约11%的纽约人出现了PTSD症状。

了解与战争相关的心理损伤

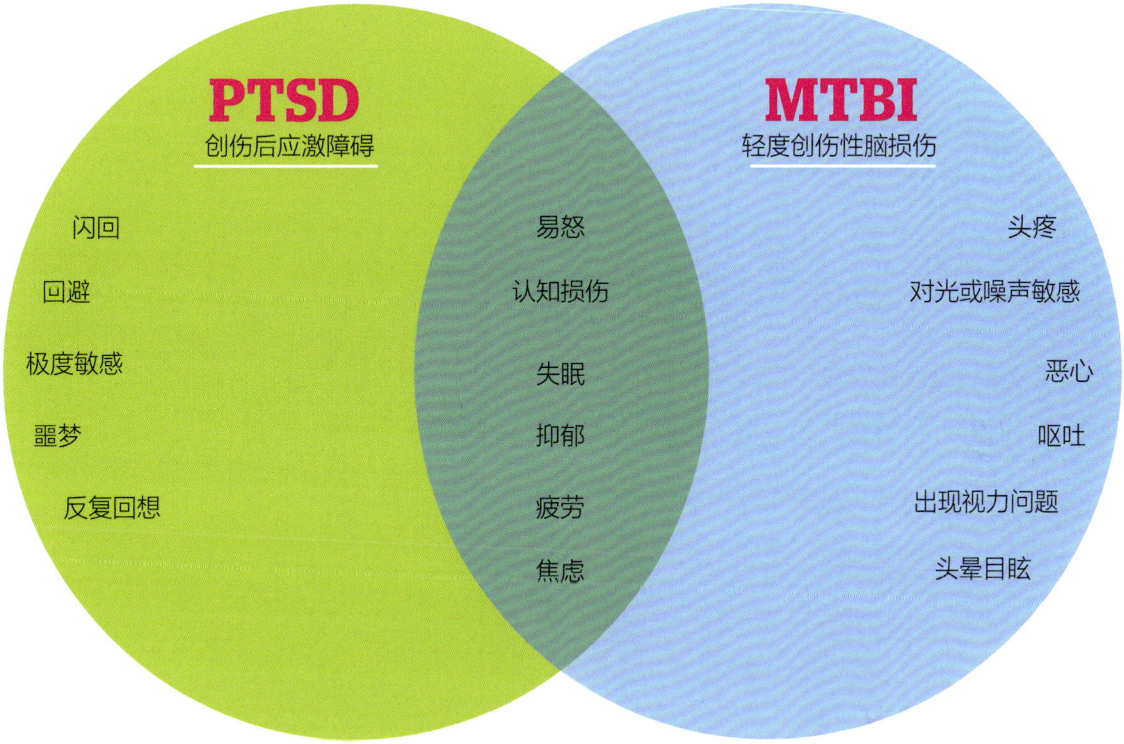

创伤性事件，但只有1/10的女性和1/20的男性会一直遭受PTSD的困扰。

»强迫症（OCD）

你是否有过这样的经历：开车上班时突然想到，我关门了吗？无所事事的时候，你是否遐想过邻居不穿衣服会是什么样子？在走廊里看到灭火器箱的时候，你有没有产生过打破那块玻璃的冲动？

每个人偶尔都会出现漫无边际的奇怪想法和冲动。大部分人的这些想法只是一闪而过，但强迫症患者却没有这么幸运。顽固的想法会在他们脑子里反复徘徊，完全占据他们的意识，挥之不去。强迫性的想法在OCD患者中十分普遍。（我关门了吗？我关掉炉子了吗？）除此以外，比较常见的还有洁癖（那个电话上有细菌吗？那张桌子呢？那个人的手呢？）和侵略性的想法或画面（如果我打破那块玻璃会怎样？弄伤那个小孩又会怎样呢？）

接下来，强迫性的想法会引发心理问题的第二个阶段：强迫性的行为。为了缓解脑子里的想法带来的焦虑，患者觉得自己必须采取行动，于是他

强迫症（OCD）患者可能非常追求对称。

们常常身不由己地反复做同一件事。比如，有洁癖的女性可能会反复洗手，或者觉得必须洗好几次手才会干净。总是怀疑自己没关门的男人可能反反复复地检查门把手。很多OCD患者会形成仪式性的固定流程，比如每天要按照特定的顺序穿衣服。他们可能非常追求对称——铅笔必须跟书桌边缘对齐；咖啡桌上的杂志必须两两堆叠，摆放整齐。一些无伤大雅的怪癖不能归入强迫症的行列，真正的OCD是在某些行为上耗费患者大量时间——至少每天一小时——而且会产生明显的压力。

OCD患者明知自己的想法不对，或者不合时宜，但却控制不了自己的行为。这些想法会带来严重的焦虑感，迫使他们避开某些东西。比如，他们可能不会靠近走廊里的灭火器箱，或者尽量避开有儿童在场的家庭聚会。对他们来说，生命充满挣扎。

强迫症出现的年龄可能很早。作家兼电影制作人莉娜·丹恩曾提到，她在8岁时常会想一些可怕的事情。“那些事情让我夜不能寐，”她在自传中写道，“包括但不限于阑尾炎、伤寒、麻风病和不干净的肉。除非亲眼看见食物的包装被打开、并且让我妈妈先尝，否则我绝对不吃。除此以外，我还怕流浪汉、头疼、强奸、绑架、牛奶、地铁、睡觉。”她痴迷于8这个数字，做什么事都要重复8次。大约2%~3%的人在10岁或20岁左右时会出现强迫症的症状，幸运的是，它会随着年龄的增长而好转。

»治疗焦虑

我们完全可以通过人工干预来治疗焦虑类的心理问题，矫正容易引发焦虑的思维模式。医生通常会从药物和心理咨询两方面入手，根据病人的情况制订合适的治疗方案。每一个人都是独特的。认知行为疗法（CBT）会让患者做一些针对性的练习，甚至还有课后的“作业”，如果患者能够积极配合，努力改变自己的思维方式和行为模式，那么这种疗法的效果会非常显著。

比如，为了治疗焦虑症，CBT 治疗师可能会鼓励客户观察并记录自己的反应。客户可能会学到一些控制呼吸和放松肌肉的技巧。治疗师也许会建议你指定一个“0 担忧时间段”——比如早餐时间或开车的时间。在这段时间里，如果脑子里突然冒出焦虑的念头，那么你马上告诉自己过会儿再想。冥想练习也能让你专注于当下，带来无欲无求的平和心境。

有的焦虑症可以用暴露疗法来治疗，比如，治疗师会让社交焦虑者逐步暴露在他们害怕的场景中，直到焦虑开始减弱。在这个过程中，患者需要反思自己为什么会害怕，然后在事后总结这个害怕的原因是否真实存在。举个例子，如果某人觉得自己必须事先排练好所有要说的话，否则就不可能在聚会上应对自如，那么治疗师可能会要求他不要做提前准备，在聚会上随意与人交谈。待聚会结束后，他需要回味刚才的体验，思考在没有预先排练的情况下，自己是否真的表现得非常糟糕。放松疗法也能缓解社交焦虑。治疗师会教你练习如何放松特定的肌肉组，在社交场合中，如果你开始感到紧张，那么就可以用治疗师教你的方法来让自己放松下来。

聚焦

什么都不做也是一种帮助

OCD 伤害的不仅是患者本人，很多时候，患者的父母、伴侣或者其他照顾者也会深受其害。为了安抚焦虑的亲人，照顾者常常会帮助患者完成仪式性的流程。他们会替患者检查门有没有关好，把所有刀子锁起来，或者一次又一次回答患者忧心忡忡的问题。但是，研究表明，帮助患者完成 OCD 行为只会让病情恶化。

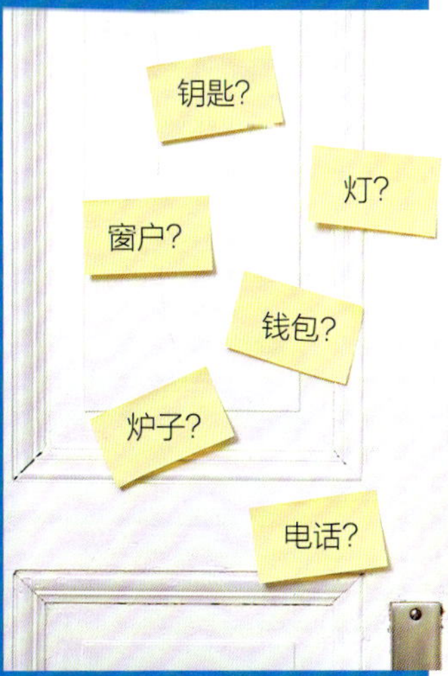

对孩子来说，父母越是顺从他们的行为，孩子的情况就会变得越糟。而在恋爱关系里，“帮助”不但会助长恋人的强迫性举动，使病情恶化，还会削弱两人之间的情感联系。根据调查，如果帮助另一半完成强迫性举动，那么两人的关系反而会变差，而不是变好。所以，最好不要替他们做这些事，而是让他们自己发现问题，同时提供情感上的支持。

“人的心中有一些弦，最好永远别去拨动。”

——作家 查尔斯·狄更斯

暴露疗法对强迫症也有效果。治疗师会要求患者直面引起焦虑的想法或行为，然后克制随之而来的强迫性举动。比如，他们可能会让有洁癖的人跟陌生人握手，然后不许洗手。刚开始当然很痛苦，但反复暴露在你害怕的场景中，你的脑子会逐渐发现，这些举动根本就不会带来什么可怕的后果。

这些成果令人振奋。认知行为疗法、接受与实现疗法以及其他积极的干预方式可以帮助大部分焦虑者和影子综合征患者得到治疗。此外，现在很多治疗手段不仅仅是简单地缓解不适的症状，同时还致力于提高人们的精神生活质量，帮助那些心理不够健康的人认识到，他们不光能顺利地活下去，还能活得健康茁壮。

焦虑者可以通过治疗得到解放。

Класика майбутнього
Новий Mercedes-Benz S-Клас

》第八章《
终极问题

二战期间，奥地利心理学家维克多·弗兰克在集中营里遭受了非人的折磨。后来，弗兰克在《活出意义来》一书中描述道，在一个寒冷刺骨的凌晨，他和营友一起出工时的情景：

“我们从营地出发，在黑暗中蹒跚前行，绕过巨石，穿过水洼，踩着泥泞，负责看守我们的警卫不停地吼叫，拿步枪枪托驱赶我们……突然间，一个男人竖起领子掩着自己的嘴，凑到我身边低声说：‘幸好我老婆看不见我这副样子！真希望她们营地里的条件能好点儿，但愿她不知道我们这边有这么糟糕。’

“他的话让我想起了自己的妻子。我们跋涉了好几千米，不时有人在结冰的地面上滑倒，我们彼此扶持拉扯，谁都没有再说话，但每个人心知肚明：我们都在不约而同地想念自己的妻子……我非常理解，即便你在这世上已经一无所有，但只要想起爱人，心中便会涌起情不自禁的狂喜，哪怕只有短短的一瞬。尽管环境如此恶劣，前途一片灰暗，唯一能做的——唯一能让自己感到骄傲的——只有在痛苦中咬牙坚持。就算是这样，一想到爱人，你依然会感到满足与安宁。”

弗兰克在恐惧中找到了爱的意义。他发现了生命的意义，也由此得到了克服逆境的力量。离开可怕的集中营以后，弗兰克继续从事心理咨询工作，帮助他人寻找生命的意义。

心理学家一方面专注于研究引起心理问题的不良思维模式，另一方面也致力于发掘赋予人们力量的更高的精神追求。价值观决定你追求的目标，这个观点并不新鲜，各种宗教和哲学一直在探寻和定义什么是好，什么是坏。现代心理学将这个问题从哲学领域中分割出来，用科学的方法来研究它。生命的意义和目的来自哪里？精神上的羁绊有多重要？这些无影无形的想法如何影响我们

无论目标是伟大还是平凡，我们总是坚持不懈地为之奋斗，一步步坚定前行。

的幸福？研究结果表明，这些不曾诉诸语言的努力、价值追求和形而上的体验在日常生活中扮演着积极而重要的角色。

我们每天的日常活动看起来似乎平淡无奇，上班，运动，去杂货店购物，带孩子练球，给朋友写邮件，诸如此类。但与此同时，日常生活中的点点滴滴反映着你的个性和你超越日常层面的追求，内心深处的追求驱动着你的一切行为。

生命的 GPS

“追求”是指人们在日常生活中为之奋斗的有意义的目标。每个人都有自己独特的追求，具体取决于你的价值观、能力和执着程度。追求体现的不一定是你现在的特质，它可能反映着你的理想和理想中的自己。你的追求可能是某个具体的目标，也可能是一系列目标，一旦目标达成，你的追求就会得到满足。

追求就像生命中的GPS。我们输入目的地，然后按照它的指引步步前进，相信自己离目标越来越近。这幅生命的地图为我们提供规则与秩序，帮助我们在每个路口做出正确或错误的抉择。

追求激励我们向着伟大或平凡的终极目标前进，而每一个终极目标又可以拆分成一个一个小目标。比如，你想变得更迷人，那就应该建立这样的追求：多锻炼、少吃垃圾食品、经常打扮自己。心理学家罗伯特·埃蒙斯在一项研究中列出了人类常见的追求：

- 避免因外物而沮丧
- 提高运动能力
- 通过老朋友认识新朋友
- 获得幸福，提高对别人的期待
- 接受别人的本性
- 坚持自我，不取悦他人
- 减轻体重，不吃零食和加餐
- 不要成为一个只追求物质的人
- 在别人面前显得很聪明
- 在任何情况下都保持感恩的心态
- 回馈善意
- 让我的小猎犬健康快乐

问问你自己

你的追求是什么？

无论你年龄多大、处于生命的哪个阶段，你总会有自己的追求和目标。这些目标可能是正面的，也可能是负面的。比如，有的人希望成为别人的榜样，而有的人则绞尽脑汁，不想引起别人的注意。

你的追求是什么？请在一张纸上写下你的 8 个目标，格式如下：

我特别想尝试____________________________：

你的追求可以是正面的，也可以是负面的；可以很宽泛，也可以很具体。然后，请用下面的量表给你写下的每一个追求打分，看看这个追求是否符合下面的描述。打分的时候，请综合考虑你过去一个月以来的整体感觉，包括今天。

非常不赞同　　不置可否　　非常赞同

1. 这个追求对我来说很重要，我对它非常执着。
　1　2　3　4　5
2. 过去一个月以来，我在这件事上有所进展。
　1　2　3　4　5
3. 在为它努力的过程中我遇到了障碍和挫折。
　1　2　3　4　5
4. 它让我找到了人生的目标和意义。
　1　2　3　4　5
5. 追求目标的过程给我带来了痛苦。
　1　2　3　4　5
6. 很多人支持我的这个追求。
　1　2　3　4　5
7. 这个目标并非出自我的本意（我很矛盾）。
　1　2　3　4　5
8. 如果成功完成这个目标，我会感到非常快乐。
　1　2　3　4　5
9. 为了完成这个目标，我愿意付出极大的努力。
　1　2　3　4　5

• 做的事情要让上帝满意

趋利和避害的心态会影响我们的所有行为，当然也包括我们的追求。趋利导向者总是努力试图达成自己追求的目标："我要在这周末之前完成任务。"而避害导向者就比较消极，他追求的通常是预防、避免或摆脱某些事情："我要避免拖延。"

整体而言，趋利导向的心理模式更加健康。比如，对退役老兵的研究表明，趋利导向的目标与最终的幸福明显相关。研究者要求患有创伤后应激障碍（PTSD）的老兵和他们健康的战友分别描述自己在日常生活中的追求，然后请他们各自坚持写 14 天日记，记录下自己的快乐程度和自我满意度。整体来说，患有 PTSD 的老兵更可能出现避害导向的追求，他们更愿意花费精力来避免负面的结果、控制自己的情绪。因为他们内心的精神力量有限（和我们所有人一样），那么一旦为这类保守的追求消耗过多的时间和精力，就会无力追求更有意义、更积极的目标。结果，他们的日常生活自我满意度更低，整体快乐程度也不太乐观。

从另一方面来说，那些拥有更多正面追求、更倾向于趋利导向的 PTSD 老兵的日常生活相对更加幸福，他们的快乐程度和那些健康的战友差不多。PTSD 不一定会摧毁你的生活，只要妥善运用有限的时间和情感资源，去追求正面的生活目标，PTSD 患者同样能获得幸福和安康。

»找到自己真正的目标

这些目标和驱动力来自哪里？你或许会告诉自己，你真的很想升职，或者你很想改善和家人的关系——但这真是你想要的吗？因愧疚感或者因别人的期待而设立的目标常常会给自己带来压力，而且最终的结果也不尽如人意。心理学家

野心勃勃的总统可能不愿意妥协，例如理查德·尼克松。

"幸福无法**通过简单的方程式达成。**"

——心理学家 丹尼尔·吉尔伯特

DD
NIKE

希望和家人变得更加亲近，这是一种趋利导向的追求。

会建议你扪心自问，找到自己真正想要追求的目标，然后再随机应变。不过，请注意，如果追求的是你自己真正想要的东西，而非外界为你设立的目标，那么一旦遭遇失败，你会变得更加沮丧。

研究表明，如果无法确定内心的目标和真正追求的价值，那么你会更容易抑郁，身体和精神也更容易出现问题。

繁衍是一种扩展自我、向外给予的欲望。

今天的心理学家开始用科学的方法研究“幸福”。

这样的人成功的概率更低，更可能把时间浪费在毫无意义的焦虑中。矛盾心理很容易让人陷入胶着状态。如果你发自内心地想要达成某个目标，那么最后成功的可能性也更大。

寻找意义

心理学家维克多·弗兰克经历了常人无法想象的苦痛，最终找到了人生的意义。但就算在最普通的日常生活中，如果你相信生命有其意义、有超越俗世的更高目的，那么这样的信仰也会带给你无穷的力量。研究者发现，生命的意义对人类的身心都有巨大的正面影响。如果你相信自身的存在有更高层面的意义，那么你会过得比别人更快乐，对

聚焦

中风带来的奇迹

1996 年 12 月 10 日，37 岁的脑科学家吉尔·博尔特·泰勒经历了一次许多人都难以承受的变化。她脑子里一根畸形的血管爆开了，血液瞬间涌入左脑，造成严重中风。泰勒的大脑左半球——负责控制顺序、分类、时间感、词语和数字认知的脑区——几乎彻底罢工，于是她的大脑右半球——负责控制整体感知、情绪状态和当下行为——接管了所有任务。伴随着痛苦、迷惑和局部的瘫痪，泰勒体验到了自己的头脑与外部世界之间纯粹的精神联系。

“与世彻底隔离以后，”泰勒后来在《奇迹》一书中写道，“肉体的界限遽然消失，我融入了宇宙之中……我不是什么宗教权威，但我觉得，用佛教的语言来说，我进入了‘涅槃’的境界。”

泰勒花了 8 年时间才逐渐恢复，她重新学习阅读，学习如何控制自己的身体。不过对一位脑科学家来说，能够亲身体验到脑部精神活动的过程，是一个十分珍贵的经历。

生活的掌控感也更强，工作满意度更高，焦虑或抑郁的概率更低，甚至寿命更长。

生活井井有条的时候，我们更容易发现生命的意义。如果日常生活简单明快，一切事情都按部就班，那么我们内心深处就将得到安宁：这正是我们预想中的生活。我们还会在更高的精神层面找到生命的意义，发现所有事都与更宏大的存在息息相关，每一件事都有其重要之处。

如果日常生活不能带来这样的笃定感，大部分人会主动出击，寻找意义。这周你帮邻居除掉人行道上的杂草，下周他投桃报李，帮你干了同样的活，于是你觉得人类还是那么慷慨友善。仪式是生命意义的隆重标志。婚礼、洗礼仪式或者毕业典礼一次次验证着我们的信仰：生活一切如常。

在困境中，我们不仅能发现意义，还会创造意义。如果事情的发展出乎意料，大部分人会在痛苦中修正自己对事物的认识，直至重新找到事件背后的规律。比如，深爱的人去世了，我们可能会说服自己，她去了某个更好的地方。若是身患重病，你也许会从内心深处找到力量，重新发现、欣赏这个世界的美好。

面对看似毫无意义的事

重新审视自己的价值能让我们直面必死的命运，这是人生最大的挑战之一。

"爱是一种非常美好的状态，它深沉、温柔、回报丰厚。"

——心理学家 哈里·F.哈洛

件，人们也会从生活的其他方面寻找补偿，重建生命的意义。但有时候，这未必是件好事。在一项研究中，研究者告诉受试者：你没能通过刚才的词汇联想测试。结果这些人对另一组受试者表现出了更强的敌意。因为自尊受损，所以他们通过贬斥他人来重建自己内心的社会地位。另一项调查表明，生活中比较优柔寡断的人，面对没有切身关系的议题时反而表现得更固执（例如是否保留死刑）。

20世纪40年代，美国哈佛大学的一项纸牌测试展现了人们面临矛盾时表现出的挣扎心理。

研究者向学生出示一些纸牌的图案，然后让学生辨别它们。有的纸牌是正常的，有的则调换了颜色——比如，红色的方块变成了黑色。看到这种奇怪的纸牌，学生的反应可归纳为以下四种：

- **支配：**他们完全没有意识到纸牌的颜色变了，还是一厢情愿地把黑色的方块看成红色的。
- **认知：**他们看到新的颜色，然后修正了自己的认知，觉得方块可以是红色的，也可以是黑色的。

人们在美好的事物和超脱的心灵感受中找到意义。

我们或许会审视自己在世界上所处的位置，并借此寻找意义。

仪式是意义的标志，例如图中的乌达比族选美大赛。

- **妥协：** 他们看到的是真相与假象的混合体。一张红色的黑桃 6 在他们眼里可能是紫色的。
- **颠覆：** 他们就是无法处理自己看到的信息，因此无法做出反应。一位学生焦虑地反馈说：“我根本不知道那是什么，看起来简直不像是纸牌。现在我既不知道它是什么颜色的，也不知道那是黑桃还是红桃。我甚至忘了黑桃本来的样子。上帝啊！”

与颠覆性反应带来的焦虑相反，认知反应意味着受试者成功建立了新的意义，面对新的环境，他们的反应更加灵活。同样的道理也适用于生活中一切令人困扰或者看起来毫无意义的事件，我们可以后退几步，接受这些事情，将它纳入一套新的世界观里。

更崇高的目标

意义让生活变得有迹可循，而目标为生命指明方向。

身份认同的核心是对个人目标的感知。这样的感知可以非常简单，比如，你就是认为

我们在困境中创造意义。

自己必须回馈社区。你的目标可能是进行艺术创作，也可能是照顾家人；海员的目标可能是取悦上帝，也可能是回馈国家，忠于公司。

目标感本身不是一种可达成的目的，你不可能成功找到目标感，然后一劳永逸地解决这个问题。不过，目标感可以赋予日常生活看得见的秩序，它为你的行为建立基本的框架。目标影响着你的追求和决策，它协助你分配自己的时间和资源，帮助你熬过逆境。关于目标与追求，维克多·弗兰克引用了尼采的名言："知道自己生命的意义，就能接受忍耐一切。"

最有趣的是，有目标的人似乎活得更久。跨越多年的大规模研究表明，目标感强烈的受试者的死亡率远低于其他人。志愿者、积极参与社会活动的人、养宠物的人和献身宗教服务的人比其他人活得更久。

目标感还能让你远离坏习惯。一项针对可卡因成瘾者的研究发现，有目标感的人复吸率更低。而且，面对压力时，有目标感的人也表现得更冷静。比如，很多研究表明，被其他种族或族群包围的人会感觉压力越来越大。在一项实验中，研究者要求受试者乘坐一列火车穿越芝加哥一片多族群混居的地区，结果发现，在同样的情况下，目标感强的人更不容易感到焦虑。此外，如果在登上火车之前的10分钟要求受试者写一些与自己的目标有关的事情，那么他们在旅途中的抗压能力也会变强。

看起来，目标感甚至能对抗毁灭性的阿尔茨海默症。比如，在快速记忆与老龄化项目中，246位年长受试者接受了一次目标感调查。（让他们阅读问卷上的内容，然后为自己打分。描述内容包括"我总是活一天算一天，

试试看

找到意义

每个人的生活都是自己写就的传记——你的故事不断发展，重要章节、关键场景和转折点起承转合，主要人物与经验教训纷至沓来。我们把自己的经历整理成一个个的故事，这些故事解释了你是谁，你从何而来，你向何处去。你的自传反映了你对自己的看法，以及你对自身存在的更高层次的理解。下面的写作练习也许能帮助你成长，让你找到自己生命的意义。

请回忆你的一生，从童年开始，找出两次重要的成长阶段——比如获得重要的领悟，或者思想产生变化。尽可能详细地描述相应的案例。然后重新读一遍你写下的故事，寻找其中共同的主题。问问你自己，这样的成长如何融入你自身的价值。然后，请想象一下，如果以后再遇到类似的"成长时刻"，那会是什么样子？到那时候，你会怎样做？你会怎么想？

不过，请记住适可而止。如果你执意将生命中的每一件事都拆开来分析，那你很可能陷入过度解读的怪圈。与其这样，不如假设生活自有其大体的规律可循，效果可能更好。

士兵为国家和自己所在的部队效力，并从中得到意义。意义铸就目标。

从不去深想将来以及“有人一辈子都漫无目标，我可不是那样的人”。）每隔一段时间，研究者就会重新评估受试者的认知能力，等到他们死后，再检查他们脑部的特征区域，观察有无阿尔茨海默症的迹象。结果发现，目标感强的受试者精神上更有活力，无论他们脑部实际受损情况如何。换句话说，有目标感的人拥有更多的“认知能力储备”，可以部分抵御阿尔茨海默症的影响。找到目标、多加思考，或许能帮助你更好地应对生命的起伏。

目标感可以帮助你建立生活的基本秩序。

灵性的自我

1901 年和 1902 年，心理学家兼哲学家威廉·詹姆斯发表了一系列演讲，后来以《宗教经验之种种》为名出版了一本书。在这一系列的演讲中，他讲述了自古以来，人类如何在宗教中找到不同的价值，按照他的描述，即“个体在孤独中领会到自己与神圣之间的关系时所产生的情感、行动和体验。”20

世纪晚期，哲学家重拾詹姆斯的遗慧，重新开始关注宗教与灵性在个人生活中所扮演的角色。他们发现，对很多人来说，灵性的信仰为他们的生命赋予了目标和意义。

宗教和灵性有一些共同点：宗教通常包含了对某种超越凡俗的存在的信仰，这种超验层面的存在又会具象化为世俗的道德法则、传统和社群文化。而灵性可以被定义为一种内心的归属感、牵绊，以及对外人、外事无限的开放态度——用心理学家肯尼斯·帕加门特的话说，一种“对神圣的追寻”。这样的追寻可能渗透到了我们日常生活的方方面面，影响着你的目标、角色和责任感。有宗教信仰的人通常有灵性上的追求，但追求灵性的人不一定会信仰宗教。

»宗教角色

研究者重新开始关注宗教，部分是因为它似乎对人类的幸福有着重大的正面影响。严格说来，我们可以从演化角度找到背后的原因。宗教规则和宗教社群满足了人类的很多基本需求。宗教团体帮助人们形成友好的联盟，对抗外来者；大家团结起来，帮助病人和老者。洗手和疗愈仪式之类的宗教戒律有助于改善健康状况。

今天，信教者和追求灵性者的身体健康情况普遍优于常人。活跃的信教者去医院的次数更少，其免疫系统更强大，压力激素水平更低，死亡率也更低。一项针对两万多名美国人的研究进行了为期8年的跟踪调查，结果发现，不参加任何宗教活动的人的死亡率比经常参加宗教活动的人高1.87倍。从以色列到加利福尼亚，其他研究也得出了类似的结果。

当然，经常参加宗教活动的人或许还有其他一些有利于长寿的好习惯。比如，信教者饮酒和吸烟的概率都低于常人。有的宗教还要求信徒保持健康饮食。宗教社群经常鼓励信徒身体力行地参与一些活动。此外，宗教的本质是一种社会关系，而良性的社会关系

目标感帮助社会活动家马拉拉·尤萨夫扎伊走过艰难岁月。

“我相信，只有为他人做出贡献的人生，才是值得过的人生。”

——物理学家 阿尔伯特·爱因斯坦

同样有利于健康。稳定的婚姻和朋友圈让人心有所属，一旦遭遇疾病，他们的抵抗能力也更强。

但是，这些因素不足以解释信教者和不信教者之间悬殊的死亡率。剩下的影响因素看起来似乎有些虚无缥缈——比如，意义感和宗教信仰带来的希望。灵性的信仰帮助人们直面改变，比如，更加平静地接受爱人的去世。灵性的目标激励人们坚持不懈。不断有研究表明，拥有精神追求的人比其他人更快乐，对生活的满意度更高，婚姻也更加美满。简而言之，有精神追求的人就是比拜物者更容易满足。

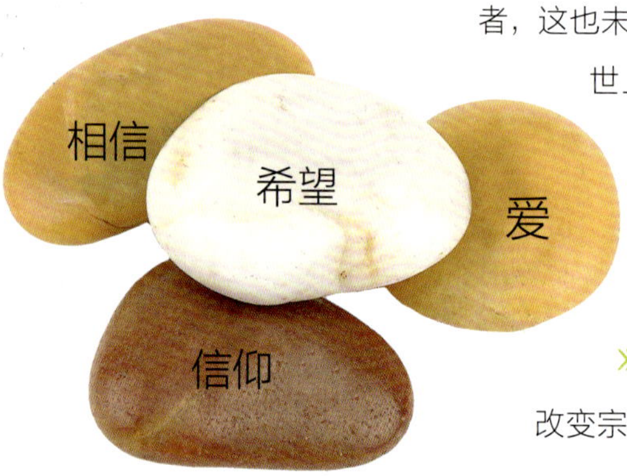

灵性的信仰通常是有益的，但前提是保持开阔的眼界和心胸，懂得灵活变通。如果心目中的神死板僵化、满怀怒气、喜欢惩罚，那么信教者反而会承受比普通人更大的压力。狭隘的视角还会让人变得偏执。一项针对 11 000 位欧洲人的研究表明，相信“这是唯一真正信仰”的人对少数族裔的偏见比一般人更深。从另一方面来说，如果一味相信上帝充满爱意，是我们的保护者，这也未必就是好事。面对世上的苦难和邪恶，过于相信上帝慈爱的人很容易产生认知混乱。

»信仰的变化

改变宗教信仰是人一生中最戏剧化的时刻之一。许多著名的宗教故事都以信仰的变化为核心：比如，保罗在去往大马士革的路上改信基督，或者乔达摩·悉达多在菩提树下顿悟。

宗教的灵悟不会改变一个人的基本性格特质，但却能改变你的目标和追求，以及生命故事的基调。转变信仰的人或许会改变职业轨迹，比如，从销售员变成老师，或者在日常生活中建立新的目标，比如每天祈祷，或者敞开胸怀与人交往。宗教体验可能深刻影响人对生命意义的认知。

童年遭遇过压力、不幸或创伤的人更容易改变信仰。这样的转变通常出现在青春期，在这个阶段，人会面临许多压力和变化，渴望找到身份认同感。皈依者常常会说，在有信仰之前，他们觉得自己没有准备好或者没有能力维持稳定的

聚 焦

食物和宗教

食物和宗教都是社群的重要黏合剂，宗教信仰也会自然地影响人的饮食习惯。很多东方宗教提倡素食，严格程度不等。这些宗教的核心思想是减少痛苦和暴力——为了满足人类的口腹之欲而夺取动物的生命，显然违反了这条原则。

有的宗教不会彻底禁止吃肉，但有的却禁止信徒吃特定的食物，或者规定食物必须以特定的方式进行处理。伊斯兰教和犹太教信徒不能吃猪肉，拉斯特法里教徒不能吃红肉。很多宗教还会鼓励信徒抑制自己的嗜好，比如，远离酒精，少吃甜点。

皈依宗教意味着接受随之而来的一整套信念，这将深刻影响你与这个世界，以及世界上所有事物之间互动的方式。

亲密关系。但是皈依之后，他们内心的目标感和笃定感越来越强。

» 正念冥想

作为最古老的灵性练习方式，冥想在脑扫描和认知疗法的年代重新得到了人们的关注。在冥想状态下，练习者以超然的方式将注意力投向自己的内心或者外部的世界，进入一种松弛而平和的境界。冥想者会抛开纠缠不休的忧思，达到精神上更高层面的灵悟。

冥想的定义来自东方宗教实践。印度教、道教和佛教都有冥想的行为，信教者通过这种方式超越自我，获得领悟，或者与更广阔的世界相互沟通。冥想在西方宗教中也算源远流长，不过有时候，人们会给它换个名字，比如“默祷”或“祷告”。早在 14 世纪，西奈的圣贵格利就曾写道，“我们祷告，是为了让那神圣的存在来到我们身边。”他提出，虔诚的祈祷者应该“独自无声坐下，低头阖眼，轻柔呼气，在想象中凝视内心……呼气的时候，你要说，‘我主耶稣基督，请怜悯我。’……努力摈除一切杂念”。

今天，冥想有许多形式，有的是宗教性的，有的则相当世俗。其中正念冥想是最流行的一种方式，也是人们研究得最多的一种。我们都曾体验过心不在焉的感觉——开车去商店，却根本没留意路况；吃了一顿饭，却完全不记得什么味道；见了几个人，转身就不记得他们的样子。正念的目标是找回我们对生活的警觉和敏感，让我们专注于当下，随时对周围的事物保持感觉，留心体验自己的感受、想法和情绪，同时避免轻率地做出评判。

» 慈爱冥想

慈爱冥想的目标是唤醒我们对自己和他人的同情与怜悯，确切地说，就是做到“呼吸与共”。富有同情心的人不但对痛苦十分敏感，还会尽力去减轻痛苦。自我同情意味着善待自己，就像我们善待别人一样。通过这样的练习，我们将注意到自己的情绪，找到缓解自身痛苦的办法。利用 fMRI 研究脑功能的实验表明，无论是同情他人还是抚慰自己，我们脑子里激活的都是同样的区域，即左颞叶和岛叶。

自我同情与幸福和乐观主义密切相关。但是，自我同情并不意味着盲目乐观。实际上，善待自己的人更擅长处理负面情绪，他们更容易正视自己内心的负面想法，既不一味否认逃避，也不过多地折磨自己。研究表明，自我同情与明智的反思有关——对自我的警觉、洞察力以及看透生活真相的能力。正念是自我同情的一部分，因为它要求你留心体验自己的情绪，其中就包括负面的感觉，然后用平和的方式去处理它，拒绝夸张和戏剧化。

想培养自我同情的心态，不一定非要通过冥想。比如，你可以每天给自己写一封充满同情心的信，持续一周。实验表明，这样做可以提升幸福感，效果可持续长达 6 个月。不过，慈爱冥想也同样有效。冥想者闭眼静坐，重复默念积极的心愿（“希望我健健康康”“希望我获得平静”），然后把同样的心愿扩大到别人

正念冥想能够提升你对周围事物的敏感度。

试试看

保持敏感

提升对周围事物的敏感度，这有助于保持健康。下面的简单练习可以帮助你激活感官，保持敏感。

>> 全面的身体评估。从头到脚，专心体验自己身体的每一个部分以及随之而来的所有感觉。花一点时间，接受、欣赏自己的身体现在的样子。

>> 深呼吸。花一点时间来感受、聆听和观察自己的呼吸模式。专心体验呼吸如何反应你的情绪状况。

>> 关注平凡。暂时丢开你的目标或任务，抽出一点时间停下脚步，捕捉那些时常被忽视的信息。

>> 专心品尝食物。取一点点食物，调动你所有的感官，体会它的所有细节。请注意你拿起它的时候感受到的重量，它在手中留下的触觉，它的质感和气味，以及在舌头上留下的滋味。

>> 将你的思想和你自己分割开来。你脑子里的情绪和思想不一定代表你自己。

>> 散散步。冥想不一定非得静坐不动。你可以站起来走几步，从房间这头走到那头，或者穿过一条走廊，与此同时，请注意你的身体如何运动，如何支撑自己。

身上。

冥想的益处

很多研究反复证明，冥想有助于缓解压力，改善身体状况，增加生活的幸福感和满意度。比如，对心脏病患者的研究表明，放慢步调、对别人微笑、进行呼吸冥想等比较简单的练习能让心脏病复发的概率降低 50%。在养老院里，每天进行冥想可以降低死亡率。

冥想可以真正影响脑部的生理状况，至少在那些大师身上，我们的确看到了这样的效果。一项研究利用 PET 扫描检测了一些人冥想时的脑部血流情况。在冥想状态下，他们的大脑顶叶——负责掌管时空感的区域——活跃程度大大降低。冥想者超越了身体对精神的限制，获得了更高层面的灵性体验。在所有的宗教信仰中，这种对无限敞开胸怀的能力都是灵性的核心特质。

就算不是佛教大师，你也同样可以找到生命的目标和意义，乃至可以超越凡俗的日常生活，获得更高的精神体验。面对随机事件，大部分人总在努力寻找它们背后的规律，试图借此找到生命的意义。宗教并非通往灵性的唯一道路，音乐、自然和爱都是触摸灵性的坦途。这些积极健康的行为帮助我们完善自我，找到价值与力量。

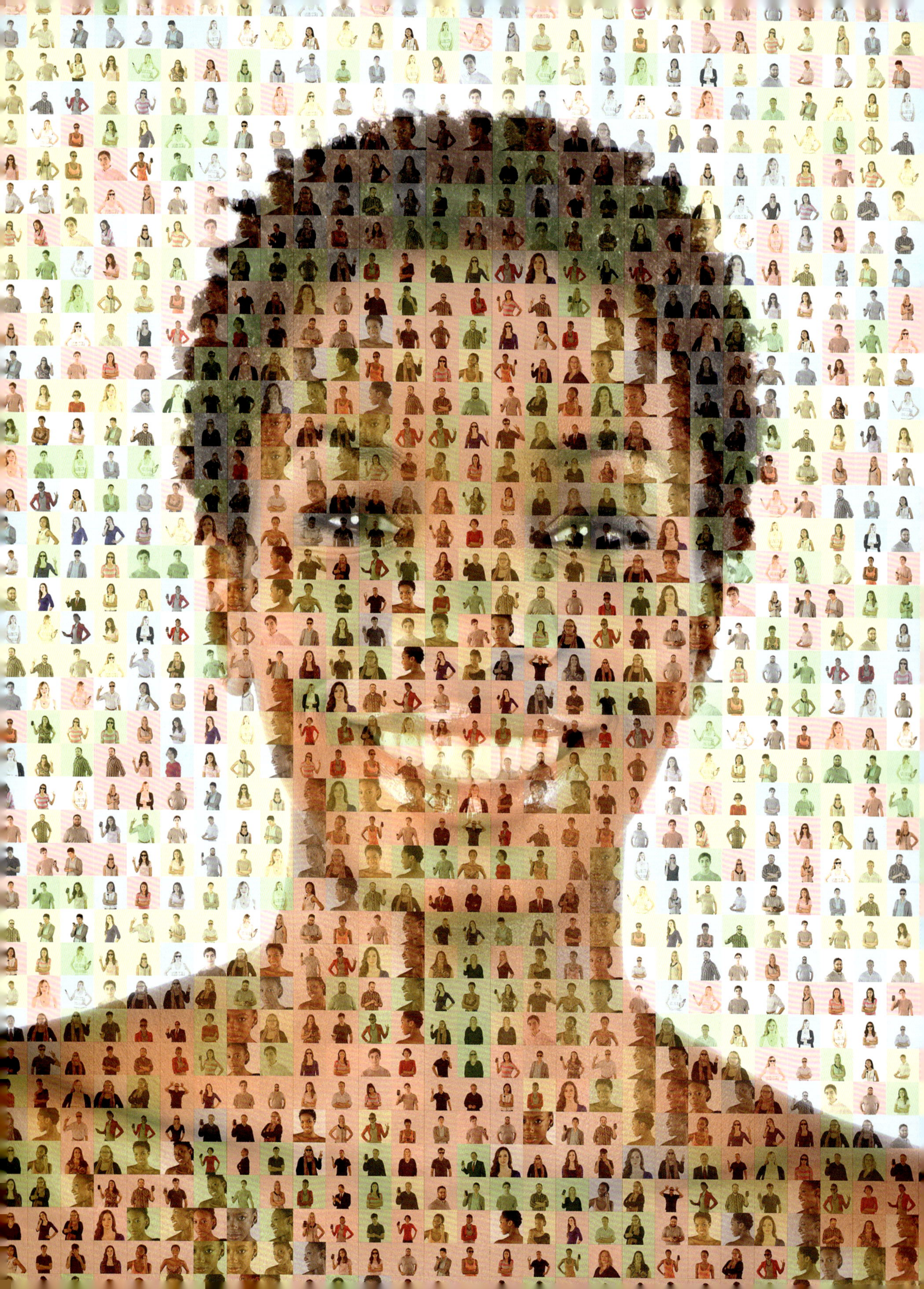

》第九章《

塑造更好的自己

2011 年，美国斯坦福大学的两位研究者报告了一个惊人的发现：让学校里的“差生”读一份简短的调查报告，再让他们就此写一篇文章，最后将文章用演讲的方式说出来。结果发现，“差生”的成绩有所提高：他们与其他学生的差距缩小了一半，甚至健康状况也有所改善——这样的效果一直持续到三年后。

实际上，两位研究者采取的是类似“劝诫会”的办法。有时候人们会通过集体劝诫的方式说服挚爱的家人接受某种治疗，但研究者在实验中采用的手段更加温和，花费的时间也更少。研究者深知，一些边缘群体的学生表现得比大多数同学更差。于是，他们要求这些“差生”阅读一份调查报告，报告中提到，很多大学新生刚入学时都会觉得不适应、无法融入集体，但随着时间的推移，他们会变得更加自信。然后，研究者要求学生结合自身的经历和感受写一篇读后感，最后再以演讲的形式发表自己的看法。他们还把这些演讲录了下来，用来激励其他人。

与对照组相比，入学第一年参加了实验的非裔美国籍学生 GPA 有所提高。到毕业的时候，他们与欧洲裔同学的成绩差距缩小了 79%，而且比没有参加实验的伙伴更加健康快乐。他们不知道这是“劝诫会”的功劳，只知道自己真的成功了。

从古典的弗洛伊德派精神分析到现代心理学，这门学科走过了漫长的路程。那时候人们躺在沙发上接受精神分析师的治疗，挖掘潜藏的性欲，寻找梦背后的含义。时至今日，心理咨询的主流已经变成了以解决特定问题为目标的短周期疗法。对于某些日常生活中的常见问题，简单的干预可能会取得出乎意料的效果，例如刚才所说的美国斯坦福大学的案例。今天，治疗抑郁症和其他精神疾病的药物也成了心理医

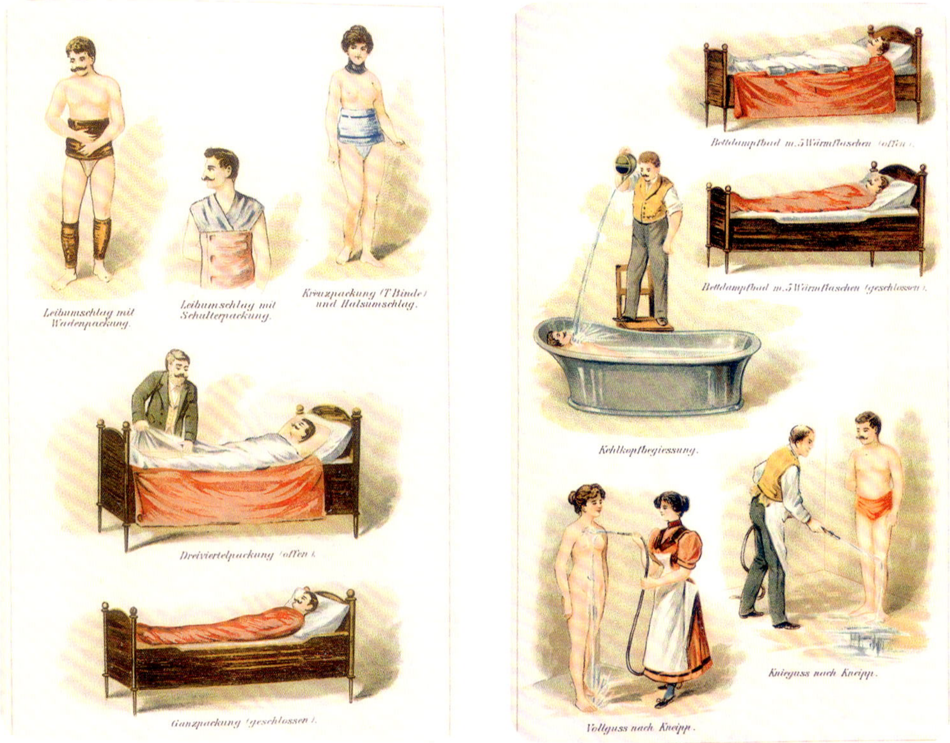

人们利用水疗法来治疗心理疾病的历史长达200多年。

生的“常规武器”。

心理学家也将关注的焦点转移到一些日常的问题上，比如，美国斯坦福大学的实验的目的就是帮助边缘族群的学生提高成绩。借助最新的研究成果，心理医生致力于让普通人变得更健康、更积极、更强大。

传统疗法

总是怀念谈话疗法黄金年代的患者可能并不知道，通往现代心理疗法的道路充满坎坷，路上不乏出现牺牲者。

从启蒙运动的年代到20世纪，医生不断尝试用各种疗效不明、充满痛苦甚至十分危险的方法来治疗心理问题。通常情况下，医生会尽量兼顾科学与人道主义。但是在很长一段时间里，我们没有任何治疗精神疾病的有效手段。随着现

> **“呼吸是身体与意识之间的一座桥梁。”**
>
> ——禅宗僧人 释一行

代神经学的兴起，很多医生开始意识到，和普通的身体疾病一样，心理疾病也是可以治愈的，我们应该从病人的身体乃至脑子里寻找疾病的根源。

比如，18 世纪杰出的美国医生本杰明 · 拉什治疗精神障碍的方法是把病人绑在摇椅上推着转。200 多年来，许多医生采用水疗法来治疗病人的焦虑症，他们给病人洗冷水澡、做蒸汽浴，甚至用浸湿的亚麻布把病人裹起来。直到 20 世纪 50 年代，精神类药物出现，这样的闹剧才落下帷幕。20 世纪的“心理疗法”包括人为诱发的胰岛素昏迷，以及臭名昭著的前脑叶白质切除术。1935 年，葡萄牙神经外科医生埃加斯 · 莫尼斯率先开始切除病人的前脑叶，这种残忍的手术直到 20 世纪 60 年代仍在实施。

»善变的记忆

神经学家尝试利用电击或外科手术的方法改变病人的心理状态，与此同时，很多精神病医生采用了更温和的治疗手段：内省和精神分析法。他们相信，心理问题是功能性的，而不是生理性的——问题的根源在于被压抑的冲动、童年的经历以及潜藏的内心冲突，他们更希望通过口头的讨论和阐释来帮助病人。

今天，传统的谈话疗法已经演化成了心理动力疗法。这些现代的谈话疗法与古老的弗洛伊德派精神分析法相去甚远，背后的科学依据也更加坚实。即便如此，仍有很多人坚定地相信两种老式的疗法：检索被压抑的记忆，以及释梦。对当事者来说，这两种方法可能相当迷人，但实际上，几乎没有什么证据能证明它们的疗效，恐怕你也很难通过这些方

聚焦

疟疾疗法

20 世纪早期，精神病院里的患者有 5% ~ 20% 被诊断为“麻痹性痴呆”（GPI）。他们同时表现出精神病和麻痹的症状，最后悲惨地死去。奥地利医生朱利叶斯 · 瓦格纳 - 尧雷格通过观察发现，有的病人在高烧后会有所好转，于是他开始给 GPI 患者注射一战中罹患三日疟的士兵血液。当然，注射之前他没有征求病人的同意。有的 GPI 患者因发烧而死去，有的出现了暂时的改善，后来又故态复萌，但确实有一部分患者身心都恢复了健康（后来医生用奎宁治好了他们的疟疾）。瓦格纳 - 尧雷格的疟疾疗法迅速流传开来。1927 年，这位医生获得了诺贝尔奖，他也是第一位获此殊荣的精神病医生。

这种激进的疗法为什么有效？在瓦格纳 - 尧雷格开展研究的那个年代，医生们逐渐认识到，GPI 是由神经性梅毒引发的，晚期患者会同时表现出生理的和心理的症状。而疟疾引起的高烧能够杀死引发这种疾病的螺旋菌。20 世纪 40 年代，随着青霉素的出现，医生不必再用故意引起病人发烧来治疗这种疾病了。

从医学角度来说，疟疾疗法有一定效果，它是利用现代药物治疗精神疾病的最早尝试之一。但从道德角度来说，在未取得病人同意的前提下，给麻痹瘫痪的病人注射疟疾病原体，这样的行为无论如何都不够正当。再加上瓦格纳后来大力支持纳粹党和所谓的优生学，所以这位医生的名字在精神病学历史上并不算光彩。

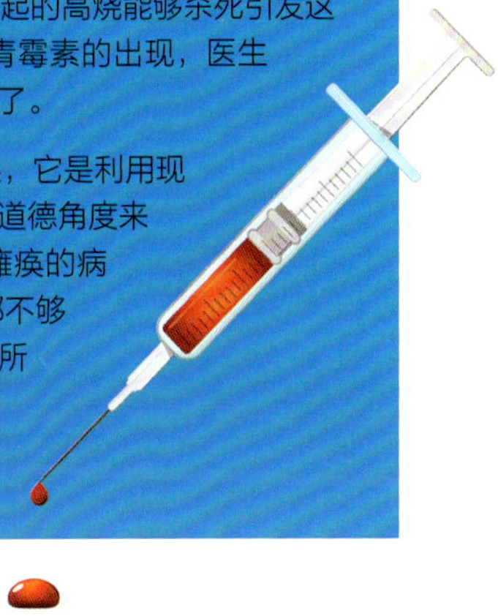

法找到真正的解脱。

以弗洛伊德的观点来看，压抑是一种常见的防御机制，我们通过这种方式将一些痛苦的情绪或记忆封存起来。有时候，这些被压抑的记忆或冲动会在梦里重新出现。今天，大多数人（包括一些心理医生）仍然相信，我们会把可怕的记忆埋葬在无意识层面中，如果能够检视这些不愉快的事，了解它们的存在，我们的心理会更健康。但是，这类看法实际上没有任何科学依据。研究表明，创伤性事件（例如遭受性侵害或目睹犯罪）会在记忆里留下鲜明的烙印，你很难把它忘掉。有时候你可能会遗忘或故意忽略事件的一部分内容，但这只是一种自发的疗伤机制，一旦遇到合适的诱因，这部分记忆可能又会重新出现。但是，我们是否真的只能通过心理治疗或催眠来压抑或找回这类记忆？人们对此仍有争议。

你的脑子如此“虚心接受意见”，所以记忆其实不大可靠。

现在我们知道，记忆经常出现差错，而且很容易受到外界影响。比如，一项很有代表性的研究就要求学生想象自己童年的一件事，例如挥手砸破一扇窗户，结果有四分之一的受试者相信这件事真的发生过。

而在另一项实验中，记忆研究者伊丽莎白·洛夫特斯给两组受试者观看了一段交通事故的影片，然后问其中一组受试者，“你觉得那两辆车相撞时车速有多快？”另一组受试者得到的问题则是，“你觉得那两辆车碰上时车速有多快？”一周后，她询问两组受试者，影片中是否出现了破碎

“相撞”“碰上”

的玻璃。第一组做出肯定回答的概率是第二组的两倍，虽然事实上这样的镜头并不存在。

如果治疗师相信客户之所以会出现现在的行为是因为童年时遭受过性侵害，那么他可能会提出一些诱导性的问题，例如“你确定自己没有被侵害过吗？想一想当时的情景”。那么客户很可能会在想象中创造出那样的一幕。当然，我们并不是说童年性侵害不存在——而是说，这样的事情很少会被遗忘。因为治疗师的问话而回忆起被压抑的记忆，这种情况实际上非常罕见。

释梦是经典精神分析的另一种标志性疗法，但它依然无法得到科学的验证。虽然弗洛伊德相信，梦有其潜在的内容和隐藏的意义，能够反映我们真正的心理活动，但实际上，这样的想法没有太多证据可以支撑，所以释梦可能难以帮助我们得到有价值的见解，也无法解决焦虑或抑郁之类的心理问题。和其他精神分析的方法一样，释梦也可能创造出虚假的记忆。比如，在一项研究中，研究者告诉一些学生，你的梦意味着你童年时遭受过欺凌，或者在公共场所走失过——实际上这只是他们编造的说法，但接下来有很多学生报告称，他们真的回忆起了这些事。有的回忆还相当具体：

“爸妈带我去贝尔维尤广场购物，他们帮我挑衣服的时候我跑开了。最后我是在保安的办公室里等爸妈来找我的。”

» 内心的真实

前脑叶白质切除术之类激进的治疗手段弊大于利，精神分析疗法又大多经不起科学的检验，那么我们为何还要紧紧抓住这些没用的方法？

“这完全没用！”

“生命中不愉快的事会对你造成什么样的影响，其实很大程度上取决于你自己……**你以为自己有什么感觉，那种感觉就真的会出现。**”

——心理学家 阿尔伯特·伊利斯

研究者、医生和病人都拥有人类共同的倾向性，我们希望自己周围的世界是有规律的、可解释的。我们会压抑创伤性的记忆，听起来很有道理；光怪陆离的梦有其深层的含义，似乎也顺理成章。有的事看起来就是这么简单而自然。

比如，“恐吓从善”项目让青少年违法者亲身体验监狱生活的可怕真相，人们认为可以通过这种方法降低问题少年犯罪的概率。这个项目始于 20 世纪 70 年代，据称成功率高达 90%。但是，全国范围内的大规模数据分析却揭示了另一个真相：实际上，参与过“恐吓从善”项目的青少年后来犯罪的概率反而更高。这一现象背后的原因我们仍不清楚，也许监狱体验让他们获得了负面的信息。

我们之所以紧紧抓住无效的老式疗法，是因为人总是倾向于相信能够印证自己偏见的证据，却对反面证据视而不见。医患双方都希望病情好转，所以他们总是特别留意病情改善的信号，同时忽略反面的迹象。一切尽在掌握的幻觉又进一步加强了这样的倾向。所有人都希望掌控自己的生活，希望努力能带来回报。

聚焦

梦有什么好处？

弗洛伊德曾说，“梦是通往潜意识的捷径”，如果事实并非如此，那么梦到底是什么？我们为什么会做梦？

实际上，这些问题还没有确切的答案。神经学家和睡眠研究者提出了一些理论。梦的确融合了日常生活中的事件、情绪和场景，做梦也许能帮助我们的脑子巩固白天的记忆。学习新技能后如果能够整夜安眠，那么醒来后你会掌握得更好。从另一方面来说，如果得不到充分休息，那么人在睡眠不足的情况下更难学会新知识。

梦或许能在睡眠中刺激、保护我们的神经通路。而另一种理论认为，梦也许只是简单地反映我们脑子里随机的神经活动，类似某种精神上的白噪声，是脑部工作的副产品。脑扫描表明，人在做梦的时候，脑子里与情绪有关的边缘系统会变得活跃起来，或许这能够解释梦中的情绪性内容——它们通常是负面的。根据调查，大部分梦境都伴有某种形式的恐惧或失败。

但是，这些理论对梦的剖析都不能让人满意。它们无法解释我们为什么会梦到自己从未经历过的事情，大脑如何利用随机的信号编织出连贯的故事，以及它为什么要这样做。

医患双方都对病情改善的信号十分敏感。

人们还常常一厢情愿地在两件事之间建立虚假的因果关系。你去看了心理医生，同时病情有所好转，但这并不意味着你接受的心理治疗真的有效。正如人们常说的，相关性不等于因果性。（比如，6月里结婚的人和自杀的人都很多，但这并不意味着结婚和自杀之间有因果关系。）

释梦疗法没有任何科学证据来支持。

当然，还有一点，大多数人都不喜欢变化。我们已经习惯了那些久经考验的治疗方法，多年来我们不断从书本上和电视上看到相关的介绍，在这种情况下，你很难彻底抛弃头脑中已有的认知。

»有效的治疗方法

为了摈弃固有偏见、引入更有效的治疗方法，心理学家开始大力推广证据本位服务（EBP）。如果你正在考虑寻求心理治疗，那么不妨关注三点：

· **最严谨的研究证据。**正在进行的治疗方法应该有科研界的证据支持，如果有可能的话，最好有随机的临床试验证据。

· **临床专业技术。**你的治疗师应该拥有科学背景和与时俱进的技术，能够理解最新的研究，了解自己采用的疗法背后的原理。

· **了解患者的性格和偏好。**除此之外，治疗师也应该了解患者的文化背景和价值观。

治疗过程中，患者应该积极参与，享有知情权。“医生才最懂”的时代已经过去了。

»认知行为疗法

今天，心理学界研究最广泛、科学基础最牢固的治疗方法莫过于认知行为疗法（CBT）。这种实用性疗法目标鲜明，旨在修正患者的不良想法（认知的部分）和自毁行为（行为的部分）。接受CBT时，人们需要识别有问题的思维模式（有时候它被称为“思维谬误”），然后用积极的想法取而代之。同样地，还需要识别无益的行为，再用有益的举动去取代它。

思维谬误通常包括毫无根据的揣测和负面、甚至是灾难性的生活预期。大部分人总会有想偏了的时候，但如果它开始主宰你的情绪和心态，那么你可能会陷入灰暗之中无法自拔，做出错误的决策和不理智的行为。所以患者需要学会了解自己的思维。接受CBT时，治疗师可能会请病人记下自己日常的想法，也可能会给客户布置一些行为方面的“家庭作业”。比如，治疗师会要求有强迫症的人留意辨认并记录自己的强迫性想法；然后，再逐步引导患者去接近自己害怕的东西，同时抑制强迫性行为——比如，让你摸摸脏的门把手，然后不能洗手。研究表明，经过这样的治疗，大部分OCD患者发现自己的症状在逐渐消失。

认知行为疗法对很多心理问题疗效显著，包括焦虑症、恐惧症、抑郁症、创伤后应激障碍症、恐慌发作和饮食失调。这种方法听起来很简单，但却能带来真切的生理影响。

证据本位服务（EBP）

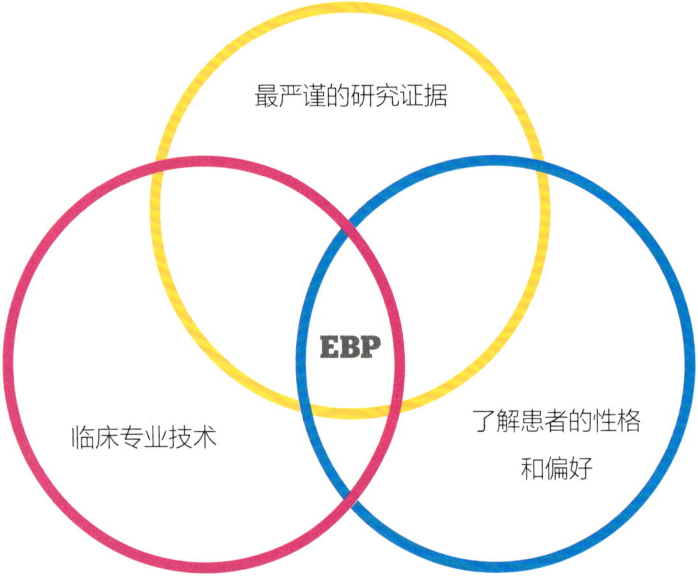

我不应固守现在的位置。
我可以随环境而改变。

接受了几个月的治疗以后，CBT 患者的脑扫描结果出现了积极的变化，脑处理过程开始恢复正常的模式。

»灵活性

人们以认知行为疗法为基础，加入情绪调节、性格、价值和正念等研究领域的新成果，最终形成了一些更新的治疗方法。比如，接纳与承诺疗法（ACT）会让人的心理变得更加灵活。

情绪障碍患者常常会做出一些僵化的反应，比如，社交焦虑症患者可能会害怕所有聚会，所以一个都不去参加；抑郁症患者无论受到什么刺激都会做出同样灰暗的回应。从另一方面来说，心理更灵活的人在不同的情况下会有不同的策略，他们不会局限于固有的想法，因为自己有能力改变既有的思维模式，调整行为，以达成最终的目标。

ACT 的目标是通过一些手段让人的心理变得更加灵活：

灵活的心理有利于身心健康。

问问你自己

你想清楚了吗？

认知疗法能够帮助患者意识到自己不健康的想法。问问自己，你是否出现过这样的思维谬误？

非黑即白的思路

你觉得某件事或者某个人非好即坏，完全没有留意到二者之间的灰色地带。

总是想到最坏的情况

你一门心思觉得事情会落到最糟糕的地步，无视其他可能性更高的结果。

忽视积极的一面

你总是注意到负面的东西，选择性忽视积极的体验。

把感觉误当作事实

你觉得某件事一定是真的，因为你有一种强烈的感觉，同时完全忽视反面的证据。

急于做出结论

你就是觉得事情很糟糕，尽管没有任何确切的证据。

读心术

你认为自己不用问也知道别人的想法。

未卜先知

你觉得事情的结果一定很糟糕。

虚幻地控制

你自认为能够控制别人的行为，但实际上你对事态的发展没有任何控制权。

期盼完美

你相信自己（或别人）的言行应该是完美无缺的。

如果你觉得这些负面的思维模式看起来很熟悉，请努力去改变它。问问自己：

· 我是否真的知道某事一定会发生？
· X 事件是否一定会导致 Y 事件？
· X 事件发生的概率有多大？
· 我手里支持 X 的证据有哪些？反对 X 的证据又有哪些？
· 可以换个角度看看情况如何吗？
· 如果一位朋友在类似的情况下产生了类似的想法，我会对他说什么？
· 对于这件事，明天我会怎么想？一个月后呢？6 个月后呢？

试试看

采取灵活的方式

你可以将接受与承诺疗法（ACT）运用到生活中的方方面面，借此提高自己解决问题的能力。面对难题时，不妨发挥创意，尝试一些灵活的解决方案。

确定问题

哪些情绪或问题经常困扰你？以生活中的一个典型事件为例，理清自己以前是怎么解决的。

反思过去的解决方案

你是否难以控制自己的情绪，所以你索性避开这个问题，或者换另一种方式去解决？这些解决方案的效果如何？

考虑替代方案

想一想有哪些新方法可以解决问题，哪怕它并不符合你一贯的思路。如果朋友遇到类似的问题，你会提出什么样的建议？

制订计划

在坚持个人价值观和目标的前提下，尽量用新的方法来解决问题。不要对自己的行为设限。

- **接受。**学会接受不同的想法和情绪，不要试图去改变它们。
- **专注于当下。**有意识地把握当下，抓住此刻。
- **割离。**将想法与现实割离开来，明白想法不等于事实。比如，不要想“我是个坏人”，把它换成“我觉得自己是一个坏人”。
- **认识自己。**从不同的角度观察你自己。
- **价值观。**明确自己的价值观。
- **知行合一。**行为要符合自己的价值观。

接受而非抑制自己的负面情绪，这是ACT的核心内容之一。大部分人已经习惯了隐藏或压抑自己的愤怒情绪，但在某些情况下，这不一定是最优的策略。比如，在一项实验中，研究者要求受试者扮演一位催促客户缴纳拖欠租金的房主，结果发现，如果适当地表现自己的愤怒，那么催租成功的概率更高。讨价还价的时候，愤怒也许会为你带来好处，面对不公或压迫时也同样如此。

多种问题，一种疗法

面对各种各样的治疗方法，你或许有些无所适从。对于焦虑或抑郁之类的情绪性障碍，有的心理医生会推荐用同一种方法解决。

社交焦虑症、恐惧症和抑郁症（单相抑郁，与双相情感障碍相对）的表现或许有很大的区别，但它们或许属于精神障碍领域的同一个家族。一般来说，病人的问题都不是单一纯粹的——例如特定的某种焦虑症——而是多种障碍并存，比方说，焦虑的同时伴有抑郁，或者伴有另一种焦虑。医生称之为“共病”。治疗某种心理疾病的时候，其他心理疾病通常也会有所改善。成功治疗恐慌症以后，人们常常会发现自己的焦虑或抑郁情绪也会缓解。

这些心理疾病似乎都伴随着情绪调节的问题，所以它们或许有共同的解决方案。能对正面或负面的情绪事件做出合适的响应，这是心理健康的重要组成部分。对于各种类型的情绪障碍，我们可以采用认知

认知行为疗法可以帮助患者摆脱极端负面的想法。

行为疗法中的一些通用手段来治疗。治疗师或许会请求客户修正他们在评估形势时的错误思路（包括非理性的极端负面想法，例如“这真是场灾难”）、调整被情绪驱动的行为。具体做起来可能很简单，也可能很难。比如，治疗师可能会要求焦虑的完美主义者故意把事情做到一半就乱糟糟地放着，或者要求社交恐惧症患者挤在人堆里，对每个人微笑。他们或许还会引导客户，

社交障碍通常不会单独出现，而是好几种同时并存。

让患者不要压抑内心的负面情绪，而是正确地分辨它们，由此发现自己因刻意回避而做出的不良行为。

»心理动力学疗法

在现代心理疗法的集合上，是否还有弗洛伊德和精神分析的一席之地？事实上，近年来这位维也纳的贤者又重新

“毫无疑问，病人的想象常常会影响疾病的治疗。”

——本杰明·富兰克林

回到人们的视线中，虽然他的许多主要思想已经被证明是无效的、不科学的，其中包括被压抑的乱伦冲动、死亡本能、本我和自我、阴茎嫉妒等。但是，弗洛伊德关于人类行为的一些设想经过了时间的考验，依然历久弥新。今天，他的这些设想成了心理动力学的根基，这门学科是精神分析的升级版。

心理动力学理论认为，我们的大部分心理活动是无意识的，由非理性的情绪和行为驱动。这套想法得到了神经学研究的验证。人们发现，人类脑部一些紧密相关的过程实际上发生在不同的脑区。我们脑子里相互独立的通路可能会引发自相矛盾的情绪和动机。尽管你需要某个人，但你可能并不喜欢他；你渴望成功，又对成功感到恐惧。虽然弗洛伊德对童年的看法相当扭曲，但他至少有一点是对的：童年的经历的确会影响我们的性格和行为。在走向成熟的道路上，你必须学习如何控制自己的性冲动和攻击冲动。

以心理动力学为基础的疗法专注于帮助病人看清自己内心隐藏的心理过程和自相矛盾的欲望，它们是引发那些不当行为出现的根源。比如：57岁的朱莉正在接受心理治疗，因为她和儿子的关系出现了一些问题。她很爱自己的儿子，也为他而骄傲，但她总是对儿子冷嘲热讽，尖酸刻薄。治疗师引导朱莉回顾自己与父母的关系，结果发现，她的父母总是吹毛求疵，很少对她进行鼓励和支持。于是她意识到，自

弗洛伊德认为童年的经历会影响人们成年后的生活，这一点倒是没说错。

己从父母身上学到了对表扬的回避，她不相信、不信任夸赞会带来好的结果。结果她把尖酸刻薄当成武器，用来保护自己脆弱的一面。通过治疗，朱莉还发现，她保护自己的需求和爱儿子、做个好母亲的欲望产生了冲突。

今天，脑科学和心理疗法之间已经架起了沟通的桥梁，任何两种主流疗法之间都有着微妙的联系。弗洛伊德或许不会赞同现代的这些治疗方法，但他依然可以从中找到自己核心思想的缕缕余韵。

你的长处体现在习惯和行为中，而不是目的和意图里。

»积极的方式

心理疗法是一件无价之宝，帮助我们面对生活中的黑暗——疾病、危机和冲突。那么，面对光明时，我们又该怎么办呢？大部分人在大部分时间过得都还算不错，我们真正需求的是做得更好：更快乐、更高产、更亲密。

幸福的人活得更久、更健康、更成功。他们的婚姻更稳定，身体的免疫系统更强大，收入也更高，就连他们的创造

力也比一般人更强。尽管有的因素会相互影响——财富和健康肯定会让你感觉更幸福——但是研究表明，积极的情绪本身就能促进人拥有长期幸福。

既然如此，我们更有理由去不断努力，提高自己的幸福度，现在有一些项目正是以此为目标来进行的。积极心理干预（PPI）就是通过简单的常规练习帮助人们养成健康的思维模式，自然而然地找到幸福。比如，快乐的人更容易感恩生活中的美好事物。鉴于此，积极干预项目要求参与者给一位帮助过自己的人写一封感谢信。这样的方法看起来很简单，以至于很难相信它真的会有效果，但是已经有研究证明，参与过这些项目的人的确比原来快乐得多。

要获得最佳效果，有的条件非常重要，其中包括：

- **动机。**你要真心地希望自己能够变得更快乐（有的人真的不想快乐！），而且你必须相信，这些方法的确有效。你必须做好付出努力的心理准备。
- **剂量。**和吃药一样，这些练习也得在特定的时间完成特定的数量才能获得最好的效果。比如，一项研究表明，一天内完成 5 次善举的人比一周做 5 件好事的人快乐。而每周回顾一次自己遇到的好事，效果也比一周回顾 3 次更好。为什么呢？原因或许很简单，无论做什么事情，我们总是更容易适应一周的周期，又或许是因为过犹不及。
- **自治。**感觉一切尽在掌握的时候，我们更容易取得成功。主动选择参与 PPI 的人获得的最终效果比被动参与的人更好。如果能够自己发现练习带来的益处，那么你也会做得更好。一项研究表明，如果让别人来指导你表达感激，那么你反而难以完成这项任务。
- **多样性。**这是积极生活不可或缺的香料。与那些总是重复做同一种好事的人相比，每周做出不同善举的人感觉更快乐。
- **社会支持。**是的，我们希望以自己的方式去做事，不过一旦开始行动，来自朋友的一点点帮助会让我们变得更加强大。通过社交媒体传递的支持也同样有效。

“噢，可爱而甜蜜的疯狂！你治愈了我们的所有疾病！”

——波斯诗人 鲁米

试试看

家用幸福工具箱

积极心理干预很简单，消耗的时间也不多，很适合自己在家完成。你可以试试下面的练习：

写一封感谢信。也许某个人在某件事上特别照顾你，但你却没有好好感谢过他。请给他写一封感谢信，如果你愿意的话，写完信以后可以把它寄出去，但这不是必须的。

想出三件好事。写下今天发生的三件好事，列出它们发生的原因。

享受此刻。专心享受某件令人愉快的日常小事，例如和朋友聊天，或者喝一杯咖啡。请用心去体验，好好享受吧。

数数你感恩的事情。列出让你心怀感激的人和事。

描绘最好的自己。想象一下，你理想中最棒的自己是什么样子——或许是在将来的某一天，那时候你已经成功达成了目标，完成了梦想。写下想象中的场景，用它来指引你今天所做的决策。

多做好事。做好事其实很简单，比如主动承担某件家务琐事，或者给你的宠物买新的零食。

积极干预为我们带来更多正面的情绪、想法和行为，这一切又让我们变得更快乐。它是怎么做到的呢？

简而言之，这些练习似乎能满足人类的某些基本需求，包括自治需求、与他人建立联系的需求以及胜任工作的需求。有的神经学研究表明，积极的情绪会影响脑部的神经递质，尤其是多巴胺，它掌管着奖励、心理灵活性和外向性。研究已经证明，积极的行为也会为生活的其他方面带来正面的影响。比如，经常做好事的人会花更多时间锻炼，甚至拥有更好的睡眠。PPI 似乎能够提升一个人的整体精神风貌，改善他或她对偶然事件的本能反应。

和其他所有疗法一样，PPI 也需要根据每个人的具体情况作出一定的调整。如果你讨厌写信，那你不太可能坚持给别人写感谢信，收到感谢信也很难产生快感。这些练习似乎对年长的人帮助更大，可能是因为他们有充足的时间和动机，可以坚持下去。西方文化比较提倡享乐主义，因而运用这类活动更容易取得效果，若是在东方文化背景中，它们的效果就要差一些了。

每个人都有自己独特的长处。

»发挥你的长处

积极干预还能进一步发挥你性格中的长处，让你和他人的关系变得更加融洽，和周围的世界联系得更加紧密。每个人都有自己的长处——你可以想想看，自己的长处是什么。

正是这些长处让我们能够更好地与他人相处，应对周围的世界。每个人都有最擅长的事情——也就是我们所说的长处。

积极干预可以满足人们与他人建立联系的需求。

免费拥抱

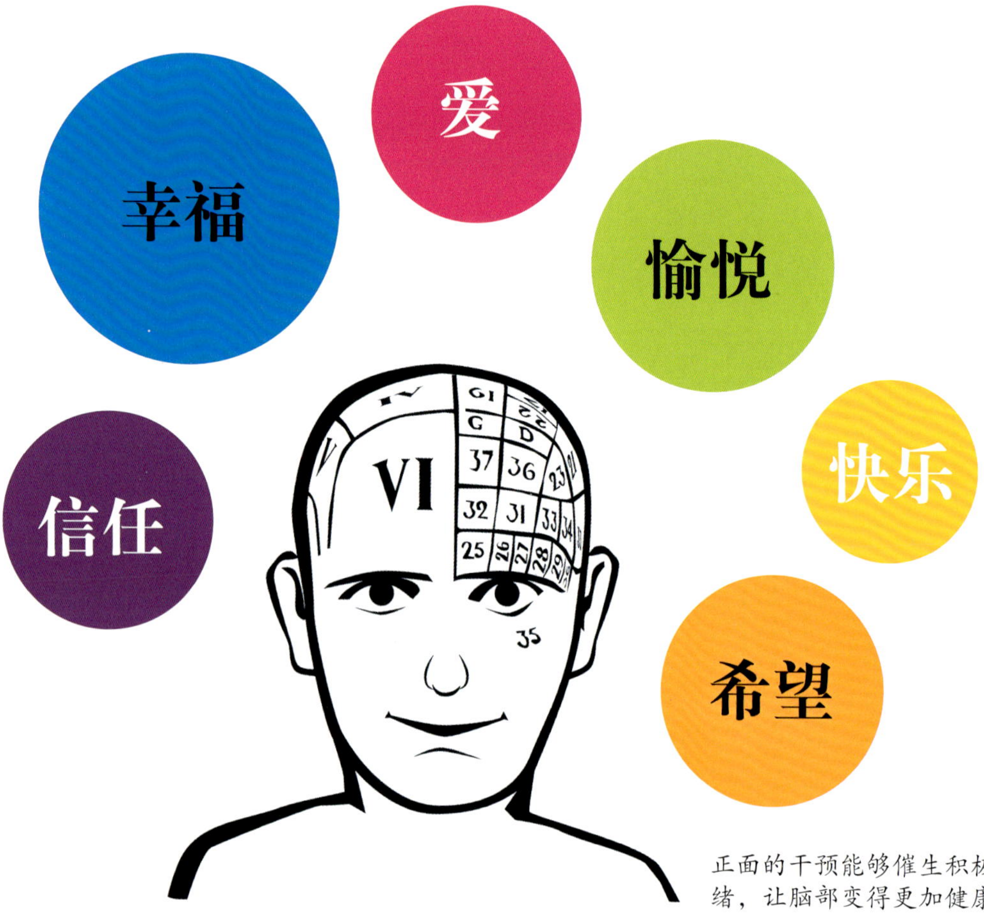

正面的干预能够催生积极的情绪，让脑部变得更加健康。

有的研究者把人的长处分为 6 个大类，其中每一类又有多个子集。这些大类包括：

- **智慧和知识**——包括创造力、好奇心、开放的态度、对学习的热爱和独特的思维方式
- **勇气**——包括诚实、勇敢、毅力和热忱
- **人性**——包括善良、爱和社交智慧
- **正义**——包括公平、领导力和团队合作的能力
- **节制**——包括谅解、谦逊、审慎和自我调节
- **形而上**——包括对美的欣赏、感激、希望、幽默以及精神性

与个人幸福密切相关的长处包括爱、感激、希望、热忱和好奇心。而毅力、爱、感激、希望和独特的思维方式决定了人们在学业上的成就。优秀的老师拥有高超的社交智慧，他们常常性格活泼，风趣幽默。勇敢和对美的欣赏可以帮助你从疾病中恢复。不过有一点可能会让许多人感到惊讶：优秀的军事领袖通常很懂得爱，与此同时，幽默感帮助他们赢得下属的信赖，而独特的思维方式又让他们获得上司的赏识。

你的长处体现在习惯和行为中，而不是目的和意图里。根据情况的不同，产生的结果也千差万别。比如，最有利于工作的特质包括诚实、公正、独特的思维方式、公平和毅力，但精神性、对美的欣赏、爱、勇气和谦逊等特质在工作场合几乎没有用武之地。

就算你拥有某方面的长处，但是如果不能善加利用，这些特质也会进入休眠状态。如果你很有创意，那么你就得在工作中或者在家里有意识地多多发挥创造力，这样才能形成良性循环。与此同时，你还得根据环境的变化来调整自己的长处：写新闻稿的时候你得充分发挥创造力；而若是指导别人来写稿件，那么你最需要的就是领导力。为了让自己过得更好，你可以尝试着每天寻找一种新的方式来发挥自己的长处，这种练习很简单，却十分有效。

»明智干预

2008 年，研究者对美国加州的两组投票者进行了调查，调查的内容十分相似。第一组拿到的问题是，“以投票者的身份参与明天的选举，这件事对你来说有多重要？”另一组得到的问题则是，“在明天的选举中投票，这件事对你来说有多重要？”

结果到了选举的那天，第一组参加投票的比例远高于第二组。只需要换个说法，投票者的参与度就提高了整整

问问你自己

你是否充分发挥了自己的长处？

通过下面的调查，看看你在日常生活中是否充分发挥了自己的长处。请用 1 ~ 7 的数字来回答以下所有问题，其中 1 表示“非常不同意”，7 表示“非常同意”。

1. 我做的事情通常都是自己擅长的。
2. 我经常锻炼自己的长处。
3. 我总是尝试使用自己的长处。
4. 我能够发挥长处，达成目的。
5. 我每天都会发挥自己的长处。
6. 我会发挥长处，达成一些超越日常生活的追求。
7. 我在工作中有很多机会可以发挥长处。
8. 我在生活中可以通过各种不同的方式来发挥长处。
9. 对我来说，发挥长处是一件很自然的事情。
10. 我觉得做事的时候发挥长处很轻松。
11. 我可以在各种不同的情况下发挥自己的长处。
12. 我大部分时间都在做自己擅长的事情。
13. 我很了解该如何发挥自己的长处。
14. 我可以用多种不同的方式发挥长处。

得分：最终的最低得分是 14 分，最高得分是 98 分。分数越高，证明你的长处发挥得越好。

投票者的身份意味着你是一位积极的、有责任感的公民，于是人们会对此做出积极的响应。

11%。

细微的改变能够产生巨大的影响，“明智干预”的研究也由此应运而生。这种方法之所以得名，是因为它专注于通过自然的、短暂的行动来干预和改变日常生活中有害的行为模式。比如，想要激励人们积极参与投票，只需要改变几个词语就足以改变公众看待问题的视角：“投票者的身份”意味着你是一位积极的、有责任感的公民，大家都希望成为这样的人。

明智干预的应用范围非常广泛，从公民生活（例如前文的投票调查）到教育、健康乃至人际关系，无所不包。实施明智干预的时候，我们需要以

学习新技能以后好好睡一整晚，这有助于巩固你学到的知识。

理论为基础，再根据干预对象的具体背景、动机和需求加以调整。确切地说，干预行动需要打破既有循环，破坏某种自我强化的行为习惯，这样才能产生长期的深远影响。比如，对于经常吵架的夫妻，治疗师可能要求他们每隔 4 个月就写一篇文章，从第三者的角度来看待这段婚姻中的冲突。站到一个比较疏离的角度来看待问题，那么下次再出现冲突的时候，夫妻双方都会变得比

较平和，也许能够更加妥善地解决问题，减少争吵的次数。接受治疗的夫妻发现，他们的压力得到了缓解，婚姻也变得更加稳定。与此同时，没有做这种练习的对照组的夫妻关系则会继续恶化下去。只要用对方法，这类练习能够带来很大的好处。比如，有的母亲过于苛责自己的孩子，这很容易伤害亲子双方。在干预者的努力下，母亲认识到，遇到困难时，对自己和孩子都不能过于责备。然后，干预者要求这些母亲进行头脑风暴，寻找其他解决方案。与对照组相比，接受干预的母亲和孩子表现得更好，出现虐待行为的概率只有21%，比对照组低了4%。

»确认自己的价值

打破不良循环，这是明智干预的一种形式；而另一种常用的形式是强化积极的思维方式。我们所有人都有意识或无意识地遵循一系列的价值判断，内心深处的信仰激励我们做出特定的行为。与此同时，这些价值判断在每个人心中又有不同的优先层级，无论是有意识的还是无意识的。比如，你可能觉得和别人保持一致比独立和自由更加重要，或者认为成就的价值高于安全。一个人内心的各种价值判断可能产生冲突，与此同时，我们与别人的价值观也会有矛盾。

研究者谢洛姆·施瓦茨发现，某些基础价值可能在所有文化中都能得到广泛的认同，虽然它在各种文化中的重要性

从第三者的角度来审视双方的矛盾，这有助于解决夫妻之间的冲突。

“精神分析本质上是通过爱来治疗心理问题。”

——精神分析师 西格蒙德·弗洛伊德

可能有所区别。

这些价值包括：

- **成就：** 通过自己的能力获得成功
- **慈善：** 保护并促进亲近者的幸福
- **与他人保持一致：** 克制自己的行为、爱好和冲动，以免伤害别人或者让别人感到不快
- **享乐：** 寻求愉悦或感官上的满足
- **权力：** 社会地位，威望，控制权，权威
- **安全：** 和谐，寻求社会、人际关系和自身的稳定
- **自主：** 独立的想法和行动
- **刺激：** 激动人心，有新鲜感，有挑战性
- **传统：** 尊重规则，信守承诺，遵从习俗，接受别人的文化或宗教
- **普世性：** 对人和自然的欣赏、忍耐及保护

明智干预可以帮助提高养育技巧，巩固积极的思维方式。

一般来说，男性和女性对每种价值的排序各有侧重，男性总是比女性更加推崇权力、成就、享乐、刺激和自主。但是，夫妻之间价值观差异过大可能是悲剧的源头。要维持双方满意的恋爱关系，相似的价值观比相似的性格更重要。

几乎所有的父母都希望把自己的价值观传递给孩子，这是家庭教育成功的标志，也是代代相传的家族认同感。研究结果不出所料：如果孩子能够继承父母的价值观，那么他们的家庭关系会更亲密、更融洽。但是，要达成这个目标，进行强硬的灌输并不是什么好办法。事实上，父母应该允许孩子独立思考——要让孩子支

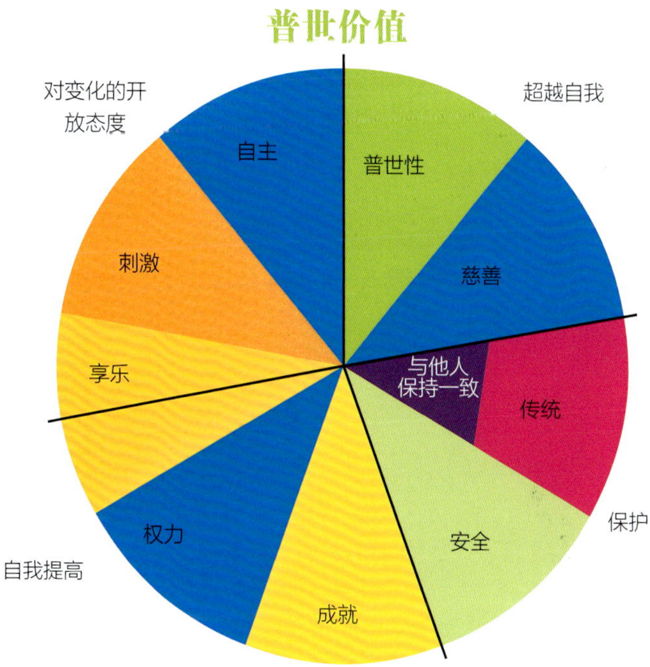

持某种价值观，首先需要他自己发自内心地认同。

一般而言，青少年的价值观比较开放，也更富成长性，但他们总是认为父母很保守，所以不太愿意遵从父母的价值观。尽管如此，若是父母能给孩子足够的自主权，那么长期来看，孩子接受父母价值观的可能性更大，获得幸福的概率也更高。这样的孩子会比较认同以下表述："我的父母做决策时总会尽量考虑我的需求和想法。""我的父母愿意让我用自己的方式来表达规则。""如果我对父母认为重要的一些原则和行为有疑问，他们愿意严肃地回答我的问题。"放手支持孩子的父母会发现，长期来看，孩子最终也会支持父母的选择。

快乐的人更懂得感恩生命中的美好事物。

无论对哪个年龄段的人来说，在这个世界里，价值观就是力量的源泉。不断确认自己的价值观，它的作用也会变得更加强大。比如，面对困难甚至痛苦的任务时，你可以列出自己最重视的价值，再写一篇短文来阐述它们为何重要，以此完成自我调节。研究发现，女大学生只要花 10 分钟到 15 分钟来描述与科学和数

愿意接受父母价值观的孩子与家庭的关系更加亲近。

学有关的个人价值，她们在这两门课上的成绩就会有所提高。如果某位女学生真心相信男人天生更擅长理科，那么这样的练习对她的帮助尤其显著。

如本章开头所述，少数族裔的学生特别容易被刻板印象影响，所以很难获得好成绩。价值确认可以帮助他们打破这样的思维定势。在一次心理干预的实验中，帮助者要求一些非裔美籍中学生撰写一系列文章，阐述自己的价值观，比如，看重家庭关系，或者喜欢音乐。接下来一段时间，这些学生的成绩突飞猛进。两年后，这次干预的积极效果依然存在。接受过干预的非裔学生的学分绩点平均增加了0.24，而那些情况最糟糕的孩子的学分绩点上升了0.41。与对照组相比，接受过干预的孩子被送进惩戒所或者留级的概率要低得多。这些学生原本的预期很低，学习成绩自然也不怎么样，然后成绩差又进一步降低了他们对自己的预期，形成恶性循环。早期的干预似乎成功地打破了这副枷锁，帮助他们重回正轨。

再次确认价值甚至能帮助我们直面必将降临的死亡，这是人生中最棘手的问题之一。研究表明，价值观坚定的人不容易被有关死亡的想法困扰。想到自己的价值观或许有助于规范这个世界，减少混乱，那么我们的生命会变得更有意义。在我们死后，我们的价值观还会作为文化的一部分继续传承下去，从某种意义上说，我们借此获得了永生，也就不必再畏惧死亡。当然，价值观也有负面影响，原有世界观的不断强化会让我们的视角变得更加狭隘。面对负面观点的时候（例如与自己相左的意见），价值观过于坚定的人会更加保守，不太容易接受新的信息。看起来，我们更应该把价值观当成构筑个人世界的根基，而不是隔绝外界的藩篱。

自然干预

你或许还没有意识到，一些自然的、愉快的行为也能为你的生活带来积极的变化。

试试看

确认你自己的价值观

这个简单的练习可以帮助你确认自己的价值观，试试看吧。

首先，用1（完全不重要）到10（非常重要）的数字为以下事物的价值打分：

成就

慈善

与他人保持一致

享乐

权力

安全

自主

刺激

传统

普世性

现在，用几句话说明你为何特别重视某些价值，再描述一件能够表明这些价值在你生命中所占地位的事。

有时候我们并不需要特别进行心理干预，尤其是在你已经意识到一些行为能带来好处的时候。例如：

- **睡眠。**不受打扰的一夜安眠能改善你的情绪、注意力、记忆力和运动表现，甚至还能提高你在学校里的成绩。睡得好的人的压力水平更低。大部分人需要 8 小时的睡眠，青少年至少要睡 9 个小时。

- **锻炼。**锻炼不光能让你的身体变得更强壮，还能改善你的情绪。只需 5 分钟的锻炼就能让你看起来焕然一新。有规律的锻炼和抗抑郁药一样有助于改善抑郁症患者的情绪。

- **酒精。**你也许还没有意识到，酒精也算一种自然干预，但实际上，它的应用由来已久。是的，过量饮酒非常有害，但是众所周知，适度饮酒是一种很好的社交润滑剂，能够缓解焦虑，还能壮胆。

- **性。**性不光能带来快感，还能改善情绪、缓解焦虑。比如，一项研究发现，社交焦虑症患者在做爱后的第二天会觉得焦虑程度有所缓解。与伴侣的关系越亲密，做爱的体验越愉快，那么缓解焦虑的效果就越好。

- **祈祷。**祈祷让很多人的生活变得更有意义，还能帮助他们应对疾病和困境。研究表明，如果要求受试者为自己的伴侣祈祷，那么他们会更容易原谅伴侣。

- **冥想。**冥想能带来平静和松弛，它会帮助你释放压力，让你以更平和的视角来看待自己的生活。

研究人类意识的科学已经取得了长足的进步，但漫长的旅程才刚刚开始。脑是非常复杂而强大的器官，思维、情绪、欲望和行为共同组成意识，我们正在着手区分这些因素，研究它们之间的相互影响。即便如此，我们所知的东西也足以让我们开始了解自己，欣喜地找到自己的方向。有了科学知识的武装，现在的我们才能迈开脚步，克服恐惧，凝聚力量，让自己的生命变得更加美好，与别人建立更健康的关系，收获更璀璨的人生。

简单愉悦的活动有利于心理健康。

附录 A
痛苦是一种社交黏合剂

托德 · B. 卡什丹博士　罗伯特 · 比斯瓦斯 · 迪纳博士

1967 年，史上最疯狂的音乐组合出现了。迷幻系摇滚音乐人吉米 · 亨德里克斯得到了一个机会：为“猴子男孩”乐团做开场演奏。“猴子男孩”希望被视作严肃的音乐人，而亨德里克斯的乐队需要在美国建立知名度。

这对奇妙的组合在巡回演出中初次登场，使佛罗里达州杰克逊维尔市掀起了文化冲突的风暴。“猴子男孩”是个老少咸宜的乐团，当亨德里克斯手握吉他疯狂地挥舞鲜艳如霓虹的上衣，然后又用火点燃它时，“猴子男孩”那些保守温和的粉丝看得目瞪口呆。亨德里克斯邀请听众跟着一起唱《狡猾的姑娘》，听众毫不买账，反而一起高呼：“还我戴维！”亨德里克斯对台下的人群比出中指，然后带着乐队离开了舞台，这次巡演也宣告失败。三位乐队成员拒绝改变自己的音乐去讨好流行乐爱好者，他们宁可忍受观众的嘘声，也要坚持自我。不久以后，他们的作品掀起了现代音乐的革命。

我们发现，人类与痛苦有着根深蒂固的不解之缘。去年，美国弗吉尼亚大学吉姆 · 科恩博士的团队通过实验向我们证明了这一点。研究者想要搞明白，朋友和陌生人面临身体威胁时——脚踝遭受电击，我们的脑部是否会产生相似的活动。结果发现，无论被电击的是朋友还是陌生人，几乎每个人都同样会出现负面的反应。这是个好消息，说明很少有人会因别人的痛苦而感到愉悦。但是，在新的实验中，受试者本人会遭到轻微的电击。然后研究者发现，在这种情况下，受试者脑部的活动与朋友遭到电击时相同，但与陌生人遭到电击时有所区别。

从演化的角度来说，这样的反应有其道理。为了增加自己生存的概率，我们需要找到那些值得信任、能为我们提供资源的人。在陌生的国度旅行时，有一位和你讲相同语言的同伴自然会方便一些；远足或者攀岩的时候，如果身边有一位密友，那么就连悬崖看起来都没那么可怕了。我们的大脑会把社交网络中熟悉、可信赖的朋友当成自己的一部分来对待——因为在你遇到困难的时候，他们会伸出援手。在人类的演化过程中，从可靠的密友身上获得力量，是最佳的策略。

于是我们发现，痛苦为我们提供了建立双赢关系的捷径。最近，澳大利亚的一个团队研究了共同的痛苦是否有助于建立社交纽带的问题。在一项实验中，他们将一些任务随机分配给一群陌生人。有人得到的任务相当痛苦，比如把手浸入冰冷的水里，或是靠墙深蹲较长时间；而另一些人得到的任务十分相似，但并不痛苦，例如把手浸入常温的水里，或是单腿站立一会儿，而且需要的时候可以扶墙。然后，研究者要求各个小组的受试者在一个巨大的水槽中寻找金属球，并把这些球放进水槽底部对应的容器里。结果发现，与对照组相比，那些经历过共同痛苦的受试者对团队更加忠诚，在团队合作中也表现得更好。

如果你想和一群陌生人一起寻找某样东西，那么这个实验结果听起来似乎很棒；但人们在实际生活中的表现和实验室里的结果是否相同？答案是肯定的。共同的痛苦体验会让人变得更加亲密。所以在“911 事件”中，在卡特里娜飓风来袭时，人们向陌生人伸出援手，而在事情过去以后，有些人成为了一生的挚友。从某种意义上说，这些新朋友加强了我们的自我认知，因为他们代表着生命中最重要的时刻。反过来说，社交网络的拓展意味着若在将来再次身陷困境时，我们有更多的资源可以仰仗。

在鼓励正能量的文化氛围中，我们需要一些特定的机会才能坦然地体验和表达痛苦与不适。最大的一个悖论是，如果能够敞开胸怀，分享交流自己的痛苦，那么我们最终将收获平静、亲密与鼓励。有时候，痛苦是幸福生活不可或缺的一部分。你或许不可能成为最伟大的吉他手，但只要能学会正视和应对负面情绪，那么你必将获得更大的成就、更良性的人际关系，以及更快乐、更有意义的生活。

托德 · B. 卡什丹是美国乔治梅森大学幸福促进中心的资深心理学家，也是本书的顾问之一。罗伯特 · 比斯瓦斯 · 迪纳是一位研究者，也是专业的训练师。这篇文章摘自他们的新作《黑暗面的积极影响：完整的自我——而不光是“好”的自我——如何带来成功与满足》。

关于作者

作为作家和编辑，帕特里夏·丹尼尔斯对科学和历史非常感兴趣。她曾为美国国家地理学会撰写过多本书籍，包括《身体：完全用户指南》《崭新的太阳系》《伟大的帝国》和《美国国家地理世界编年史》。丹尼尔斯是麦克米伦公司《现代科学发现》的编委会成员、生活图书公司的主编，也是《美国国家地理野生动物》杂志的资深作者。她的丈夫是一位大学教授，目前，他们一起居住在美国宾夕法尼亚州立大学。

致谢

如果没有众多聪明能干的朋友帮忙，这本书根本不可能问世。特别感谢托德·B.卡什丹博士和他的两位同事，凯文·扬和法隆·古德曼，感谢你们的专业指导和广泛的研究。一如既往地感谢苏珊·泰勒·希克科克和芭芭拉·佩尼两位编辑明智的指导和建议；感谢艾丽莎·吉布森的专业设计；感谢米歇尔·卡斯蒂的研究和写作技巧。最后也是最重要的，感谢我的丈夫吉姆·泰伯特，感谢你在晚餐桌上无数次听我喋喋不休地谈论关于意识的种种逸闻趣事。

关于顾问

作为世界公认的心理学权威，托德·B. 卡什丹在幸福、力量、社会关系、压力和焦虑等研究领域都卓有贡献。他发表过超过150篇学术论文，是多本书籍的作者或共同作者，其中包括《黑暗面的积极影响：完整的自我——而不光是“好”的自我——如何带来成功与满足》。卡什丹是美国乔治梅森大学幸福促进中心的资深心理学家，在职业生涯的早期，他曾多次荣获美国心理学会、行为与认知疗法协会、国际生活质量研究学会的奖励。卡什丹有一位双胞胎兄弟和一对双胞胎女儿，他希望通过自己的努力让人们变得更加外向健谈。

凯文·扬是美国乔治梅森大学临床心理项目的一位博士研究生。他在学术上的兴趣主要是研究如何最大限度地获得个人幸福、建立良好的人际关系，包括对个人长处的认识和应用。扬还经常与国际性的学术组织和专业组织合作，将这些组织的成员和学生作为幸福研究的对象，并对他们实施积极的心理干预。

法隆·古德曼是美国乔治梅森大学幸福促进中心临床心理和研究计划的一位博士生。她在学术上的兴趣包括幸福研究、心理干预、社交焦虑以及自我调节。她总是不遗余力地研究和传播能够实实在在提高大众生活质量的方法。

图片致谢

Front cover: (twins) Martin Schoeller; (flowers) Emesilva/iStockphoto; (yoga pose) Vinogradov Illya/Shutterstock; (Freud) Hulton-Deutsch Collection/Corbis UK Ltd; (DNA structure) Creations/Shutterstock; (equations) Gill Button; (brain) Sebastian Kaulitzki/Shutterstock; (baby) Victoria Penafiel/Getty Images; (people forming heart) LWA/Dann Tardif/Getty Images.

Back cover: (couple) Matthew Nigel/Shutterstock; (footprints in sand) Alta Oosthuizen/Shutterstock; (sleep study) Maggie Steber; (man with roots) Andrea Danti/Shutterstock; (ringed hand) Maria Ramos Urbano/Getty Images; (children with masks) Image Source/Getty Images; (brain activity) Laguna Design/Science Photo Library.

2-3 Jimmy Anderson/Getty Images; 4 Mikey Schaefer; 7 Bertrand Demee/Getty Images; 8 Dwight Smith/Shutterstock; 12 Matt Propert/National Geographic Image Collection; 14 De Visu/Shutterstock; 15 Robert Leighton The New Yorker Collection/The Cartoon Bank/The Condé Nast Publications Ltd; 17 Darren Ashcroft; 18 Analytic couch in Sigmund Freud's study (photo)/Freud Museum, London, UK/Bridgeman Art Library; 19 Corbis UK Ltd; 20-21 bikeriderlondon/Shutterstock; 22 Vincent J. Musi; 23 (UPRT) jmcdermottillo/Shutterstock; 23 (LORT) Serg64/Shutterstock; 24 Blue Lantern Studio/Corbis UK Ltd; 25 Ariel Skelley/Blend Images/Corbis UK Ltd; 26 LWA/Dann Tardiff/Getty Images; 28 andresr/iStockphoto; 29 stevanovicigor/Deposit Photos; 30 yaruta/iStockphoto; 31 Gyvafoto/Shutterstock; 33 Official White House Photo by Pete Souza/White House; 34 Jiri Hera/Shutterstock; 35 rollover/iStockphoto; 36 David Malan/Getty Images; 37 Brand New Images/Getty Images; 38 Evgeny Atamanenko/Shutterstock; 40 Mehau Kulyk/SPL/Getty Images; 42 (UP) Gill Button; 42 (LO) mania-room/Shutterstock; 43 Jeff Vanuga/Corbis UK Ltd; 44 yulkapopkova/iStockphoto; 45 Davis Meltzer/National Geographic Image Collection; 46 CGinspiration/iStockphoto; 47 RTimages/iStockphoto; 48 Daily Herald Archive/SSPL/Getty Images; 49 Mike Baldwin/www.CartoonStock.com; 50 Eric Isselee/Shutterstock; 51 Katia Platonova & Andrey Kazakov/Photostudio; 52 shapecharge/iStockphoto; 53 @erics/

Shutterstock; 54 Maggie Steber; 55 PM Images/Getty Images; 56 ImageZoo/Alamy; 57 SensorSpot/Getty Images; 58 (UP) Beau Lark/Corbis UK Ltd; 58 (LO) Joe Belanger/123RF; 59 Vasja-Koman/iStockphoto; 60 Jannoon028/iStockphoto; 61 Radius Images/Corbis UK Ltd; 62 Luis Louro/Shutterstock; 63 SpeedKingz/Shutterstock; 64 (LE) LiliGraphie/Shutterstock; 64 (RT) Elzbieta Sekowska/Shutterstock; 65 aletia/Deposit Photos; 66 stockillustration/Shutterstock; 67 ArtFamily/Shutterstock; 68 Brian Snyder/Reuters/Corbis UK Ltd; 69 skeeg/Getty Images; 71 Kaponia Aliaksei/Shutterstock; 72 bikeriderlondon/Shutterstock; 74 Classic Image/Alamy; 75 GlobalP/iStockphoto;
76 Gary Brown/Science Photo Library; 77 Sam Falk/Science Photo Library; 78 Image Source/Getty Images; 80 (LE) opicobello/Shutterstock; 80 (RT) Shelepov Stanislav/Shutterstock; 81 Science Photo Library/Alamy; 82 Margot Hartford/Alamy; 83 Inara Prusakova/Shutterstock; 84 Lagui/Shutterstock; 85 Lemon Tree Images/Shutterstock; 86 Grischa Georgiew/Shutterstock; 87 Andrea Danti/Shutterstock; 88 David McLain/Getty Images; 89 narokzaad/iStockphoto; 90 Image Source/Getty Images; 91 Maydaymayday/Getty Images; 92 GlobalP/iStockphoto; 93 xPACIFICA/National Geographic/Corbis UK Ltd; 94 Hagen/www.CartoonStock.com; 95 BraunS/iStockphoto; 96 Johnny Greig/Getty Images; 97 Associated Press Contributors/Press Association Images; 98 Lightspring/Shutterstock; 99 benchart/Shutterstock; 100 Associated Press/Press Association Images; 101 Kelly-Mooney Photography/Corb/Corbis UK Ltd; 102 ArtMarie/iStockphoto; 103 Roy Scott/Ikon Images/Corbis UK Ltd; 104 Kazlova Iryna/Shutterstock; 105 BLOOM Image/Getty Images; 108 Henrik Sorensen/Getty Images; 110 Picsfive/Shutterstock; 111 FineArt/Alamy; 112 James Francis/Shutterstock; 113 Mandy Godbehear/Shutterstock; 115 vita khorzhevska/Shutterstock; 117 Deshakalyan Chowdhury/Getty Images; 118 Baloo/www.CartoonStock.com; 119 Bettmann/Corbis UK Ltd; 120 DEA/G. Nimatallah/Getty Images; 121 dutchkris/iStockphoto; 122 Frans Lanting Photography; 123 hermione13/123RF; 124 Stephen Rees/Shutterstock; 125 Alberto Ruggieri/Illustration Works/Corbis UK Ltd; 126 Hagen/www.CartoonStock.com; 127 Photographic Art Viet Nam/Shutterstock; 129 Robert Churchill/iStockphoto; 130-131 Jules_Kitano/Shutterstock; 132 -nelis-/iStockphoto; 133 Associated Press/Press Association Images; 134 marekuliasz/

Shutterstock; 135 Titova E/ Shutterstock; 136 Mitchell Funk/Getty Images; 137 altrendo images/Getty Images; 138 Mike Kemp/Blend Images/Corbis UK Ltd; 140 Bettmann/Corbis UK Ltd; 141 SoRad/Shutterstock; 142 Randy Faris/Corbis UK Ltd; 143 Milles Studio/Shutterstock; 145 (CT) Ljupco Smokovski/Shutterstock; 145 (RT) Chatchawan/Shutterstock; 146 Blue Line Pictures/ Getty Images; 148 David Crockett/Shutterstock; 149 Radius Images/Corbis UK Ltd; 150 raywoo/Deposit Photos; 151 Ernesto Víctor Saúl Herrera Hernández/ iStockphoto; 152 Stephen Mcsweeny/Shutterstock; 153 lorenzo rossi/Alamy; 154 (UP) Walter Daran/Getty Images; 154 (LO) Ljupco Smokovski/Shutterstock; 155 Ellis Nadler/www.CartoonStock
.com; 156 tovovan/Shutterstock; 157 Blasius Erlinger/ Corbis UK Ltd; 158 Hero Images/Getty Images; 159 PathDoc/Shutterstock; 160 geopaul/iStockphoto; 161 Sergey Nivens/Shutterstock; 162 Ho Yeow Hui/ Shutterstock; 163 Carolyn lagattuta/Getty Images; 164 Vincent van Gogh/Getty Images; 165 DanielW/Shutterstock; 166 alastar89/Shutterstock; 167 blueenayim/ iStockphoto; 168 Cory Richards/National Geographic Creative; 170 John Lund/ Blend Images/Corbis UK Ltd; 172 inithings/Shutterstock; 173 Anna Maltseva/ Shutterstock; 174 (LE) Netfalls—Remy Musser/Shutterstock; 174 (RT) aleksandr hunta/Shutterstock; 175 Image Source/Getty Images; 176 lassedesignen/Shutterstock; 177 Richard Peterson/Shutterstock; 178 Diego Cervo/Shutterstock; 179 jmcdermottillo/ Shutterstock; 180 Jodi Cobb; 181 akova /iStockphoto; 182 Dave Nagel/Getty Images; 183 Pressmaster/ Shutterstock; 184 Dean Mitchell/iStockphoto; 185 joebelanger/iStockphoto; 186 marekuliasz/Shutterstock; 188 amriphoto/iStockphoto; 189 Randy Glasbergen; 190 choreograph/123RF; 193 (LE) Savany/iStockphoto; 193 (RT) Guzel Studio/Shutterstock; 194 Randy Glasbergen; 195 Michelle D. Milliman/ Shutterstock; 196 Andrew Innerarity/Reuters/Corbis UK Ltd; 197 Chip Somodevilla/ Getty Images; 198 Nicolesa/ Shutterstock; 199 Bruce Bennett/Getty Images; 202 Elena Kulikova/Getty Images; 205 Brain light/Alamy; 206 ilyast/ Getty Images; 207 Brian Jackson/Alamy; 208 UpperCut Images/Alamy; 209 Jessica Peterson/Getty Images; 210 aetmeister/iStockphoto; 211 Illustration Works/Alamy; 213 Jose Luis Pelaez Inc/Getty Images; 214 Serebryakov Andrei/ITAR-TASS/Corbis UK Ltd; 215 PathDoc/Shutterstock; 216 Alexstar/Deposit Photos; 217 Garry Gay/ Alamy; 218 Robin Skjoldborg/ Getty Images; 219 Robert Red/Shutterstock; 220 Photo by wili_hybrid/Ville

Miettinen; 221 Mark Anderson; 222 4zevar/Shutterstock; 223 Tony Hutchings/Getty Images; 225 Ira Block Photography; 226 MTM-COINS/iStockphoto; 228 Peter Dazeley/Getty Images; 229 Patrick Strattner/Getty Images; 230 Daniel Allan/Cultura/Corbis UK Ltd; 231 Yaroslav Seheda/Solent News/Rex Features; 232 Eugene Novikov/Shutterstock; 234 (LO) mattjeacock/iStockphoto; 234 (UP) Thomas Barwick/Getty Images; 236 Michael Krinke/iStockphoto; 237 Bettmann/Corbis UK Ltd; 238 Blulz60/Shutterstock; 239 JGI/Jamie Grill/Getty Images; 240 Picsfive/Shutterstock; 241 Randy Lincks/Corbis UK Ltd; 242 Marina Ramos Urbano/Getty Images; 243 Jason Hosking/Corbis UK Ltd; 244 (LO) Isantilli/Shutterstock 244 (UP) Hugh Sitton/Corbis UK Ltd; 245 Eye-Stock/Alamy; 246 David Lee/Shutterstock; 247 All Over Sweden/Splash News/Corbis UK Ltd; 248 William Berry/Shutterstock; 249 Subhadeep Mukherjee; 250 Iamnee/Shutterstock; 251 hcchoo/Getty Images; 253 Kirklandphotos/Getty Images; 254 William Andrew/Getty Images; 256 (LE) Universal History Archive/Universal Images /Rex Features; 256 (RT) Universal History Archive/Universal Images/Rex Features; 257 DesignPrax/Shutterstock; 258 bookzaa/Shutterstock; 259 Gahan Wilson The New Yorker Collection/The Cartoon Bank/The Condé Nast Publications Ltd; 260 Imagezoo/Corbis UK Ltd; 261 enviromantic/iStockphoto; 263 Ljm Photo/Design Pics/Corbis UK Ltd; 264 Sean Gallagher/National Geographic Creative/Corbis UK Ltd; 266 lushik/Getty Images; 267 Ryan McVay/Getty Images; 268 Superstock/Corbis UK Ltd; 269 johnkworks/Shutterstock; 270 Image Source/Getty Images; 271 Chaiwat Subprasom/Reuters/Corbis UK Ltd; 273 Photawa/iStockphoto; 274 Jiri Flogel/Shutterstock; 275 Gary Bass/Shutterstock; 276 Graham Denholm/Getty Images; 277 mediaphotos/Getty Images; 278 Cassandra Hannagan/Corbis UK Ltd; 280 Jeremy Woodhouse/Getty Images; 281 Ji í Truba /123RF; 282 Kamala Kannan; 283 Diane Cook and Len Jenshel.

版权贸易合同登记号 图字：01-2019-1511

图书在版编目（CIP）数据

意识大百科 /（美）帕特里夏·丹尼尔斯（Patricia Daniels）著；阳曦译．— 北京：电子工业出版社，2019.6
书名原文：Mind
ISBN 978-7-121-36294-1
Ⅰ．①意⋯ Ⅱ．①帕⋯ ②阳⋯ Ⅲ．①意识-通俗读物 Ⅳ．① B842.7-49

中国版本图书馆CIP数据核字（2019）第067162号

意识大百科

策划编辑：于军琴
责任编辑：裴　杰
印　　刷：北京博海升彩色印刷有限公司
装　　订：北京博海升彩色印刷有限公司
出版发行：电子工业出版社
北京市海淀区万寿路173信箱　邮编：100036
开　　本：787×1092　1/16　印张：18.25　字数：350千字
版　　次：2019年6月第1版
印　　次：2019年6月第1次印刷
定　　价：198.00元

凡所购买电子工业出版社图书有缺损问题，请向购买书店调换。若书店售缺，请与本社发行部联系，联系及邮购电话：（010）88254888，88258888。

质量投诉请发邮件至zlts@phei.com.cn，盗版侵权举报请发邮件至dbqq@phei.com.cn。

本书咨询联系方式：yujunqin@phei.com.cn。